Lothar Möller • In Wald und Flur

Erlebnisse auf den Spuren der Jäger und Sammler

Lothar Möller

In Wald und Flur

Erlebnisse auf den Spuren der Jäger und Sammler

Heinrich-Jung-Verlagsgesellschaft mbH
Zella-Mehlis / Meiningen

Heinrich-Jung-Verlagsgesellschaft mbH
Am Einsiedel 7
D – 98544 Zella-Mehlis / Thüringen
Tel. / Fax: 0 36 82 / 4 18 84
www.heinrich jung verlag.de
verlag@heinrich-jung-verlag.de

Titelseite
Kienberg (Luisenthal) mit „Alter Massemühle“ und Forellenteichen

Bildnachweis
Lothar Möller (2)

Zeichnungen
Lothar Möller (25)

1. Auflage, Zella-Mehlis 2008

Lektorat: Thomas Möller / Mandy Sachse
Satz und Gestaltung: Ernesto Jung
Druck: Westermann Druck Zwickau GmbH

ISBN 978-3-930588-83-1

Inhalt

Lothar Möller, Jahrgang 1933, hat seit frühester Kindheit eine enge Bindung zur Natur und diese Neigung im Laufe der Jahre in die verschiedensten Bereiche vertieft. Dabei standen das Jagen, das Angeln und das Beobachten, vor allem jedoch die Hege und die Sorge um die Erhaltung einer intakten Natur stets im Vordergrund.

Eine Auswahl aus der Fülle faszinierender Eindrücke und interessanter Begegnungen in Wald und Flur, nicht ohne manch kleine menschliche Schwäche und Überraschung, stellt er in diesem Buch vor.

Ein Vorwort

soll, in den allermeisten Fällen, den interessierten Leser darauf vorbereiten, was ihn auf den folgenden Seiten erwartet. Buchtitel und Inhaltsverzeichnisse vermitteln konzentriert das Genre, in dem sich der Lesestoff bewegt und mit den vorangestellten Worten versucht der Autor einen Leitfaden für die Verarbeitung seiner dargelegten Gedanken zu schaffen.
In einer Zeit, wo „Stress“ zum alltäglichen Modewort aufgestiegen ist und der Wohlstandsmüll, gleich den Tentakeln eines ungeheuerlichen Riesenkraken, sich weiter und weiter in Wald und Flur „hineinsaugt“, werden die Schönheiten der heimatlichen Natur kaum noch wahrgenommen oder gelten einfach als, sich immer wieder regenerierende, Selbstverständlichkeit. Oft wischen sie nur schemenhaft, so nebenbei, an den immer schneller werdenden Götzen unseres Alltags - genannt Autos - vorüber. Obwohl ein großer Teil der geschilderten Begebenheiten bereits Jahrzehnte zurückliegt, sind sie doch in lebendiger Erinnerung gegenwärtig und auch in dieser Form geschrieben. So vermitteln sie dem geneigten Leser mehr zeitliche Nähe und lassen ihn in das Erleben einbeziehen. Wobei mancher vielleicht Berichte über kapitale Trophäen, große Fänge oder Massenstrecken, wie sie mitunter in einschlägigen Magazinen zu finden sind, vermissen wird. Die kleinen Missgeschicke und Überraschungen, die das Leben so mannigfaltig bietet, die von der Waldeinsamkeit herausgeforderte Besinnlichkeit, die Freuden und Schönheiten am Wegesrand, wie sie die Natur jedem bereithält, der ihr respektvoll und wachen Auges begegnet, sind es, von denen in den folgenden Geschichten die Rede ist.
Von Kindheit an der Natur zugetan und mit allem Greifbaren, aus diesem reichen Füllhorn, mehr oder weniger intensiv beschäftigt, haben manch ungewöhnliche Begegnungen und Erlebnisse ihre Eindrücke hinterlassen. Diese, einem weiten Leserkreis, für geruhsame Stunden und erbauliche Kurzweil und nicht zuletzt auch den jungen Menschen die Liebe zur Natur und die Achtung vor dem was da wächst und gedeiht und kreucht und fleucht, zu erhalten und zu fördern, soll das Anliegen dieses Buches sein.

Lothar Möller

Lothar Möller

Pirschgang mit der Kamera

Es ist wohl so, dass einem etwas mit in die Wiege gegeben wird, was dann lebenslang vorhält. Hier ist es die Liebe zur Natur. Die Vorfahren väterlicherseits, um etliche Generationen, waren durchweg Forstleute. Großvater Hermann, der leider viel zu früh verstarb, um den Enkelsohn den Alltag eines Revierförsters miterleben zu lassen, hinterließ zudem einige Erinnerungsstücke, welche diese Neigung sicher nicht unwesentlich weiter vertieften. Schon als kleiner Dreikäsehoch stand ich oft staunend und gedankenvertieft in der großen Diele des alten Forsthauses, vor dem beeindruckenden Kleiderhaken aus starken Hirschgeweihstangen, der als Träger für Großvaters Jagdwaffen diente. Dieses Bild hat sich, als Bestandteil einer weit zurückliegenden Kindheitsumgebung, unverrückbar und klar erhalten. Ober quer lag das kurzläufige Tesching, links hing die alte Spannhahn-Doppelflinte und rechts daneben der schon modernere Drilling.
Später dann, des Lesens kundig, offenbarten sich die hinterlassenen Schätze, die gebundenen Jahrgänge der Zeitschrift „Wild und Hund", als reinstes Füllhorn für den heranwachsenden Naturfreund. Großmutter Elsa tat ein Übriges, um die Liebe zum Wald und zu allem was da kreucht und fleucht zu lenken und zu festigen. Jede schulfreie Zeit, ob kleine Ferien oder große Ferien, ob Sommer oder Winter, wurde bei ihr verbracht. Zudem ging ich zwischendurch, während des so unrühmlich angezettelten und so viel Leid hinterlassenen Krieges, zwei Jahre dort zur Schule. In diesem Klassenzimmer traf ich auch meine Ehefrau Anni, was ich aber damals noch nicht wusste. „Süßes" hatte zu dieser Zeit, wenn überhaupt, eine andere Geschmacksrichtung. Es war wohl nicht nur einer der längsten Schulwege, denn er zog sich, von dem einsamen Haus da unten, am Rande der Aue, bis zum Ortsteil Schwarzwald, sondern auch einer der interessantesten. Zu allen Jahreszeiten! Da konnte ein naturinteressierter Junge schon mal den Tag vertrödeln. Die Dorfstraße wurde selten, nur witterungsbedingt, benutzt.

Meistens ging es, auf dem unteren Hangweg, über den Kienberg. Und im Winter, und das waren damals noch welche, natürlich auf Schneeschuhen - so heißen da die Skier.
Die familiären Bindungen zu einem großen Verwandtenkreis, in vier Nachbarorten, führten, bei den gar nicht so seltenen Besuchen, immer durch Wald und Flur. Mit nachhaltigem Eindruck. Waren es doch größtenteils die ehemaligen Reviere des Großvaters, wo so manche Begebenheiten in der Erinnerung wieder auflebten und aus den eindrucksvollen Erzählungen, in blühender Phantasie, Gestalt annahmen. Viele Jahre sind seit jener Zeit vergangen. Aus der Beschäftigung mit Flora und Fauna entwickelten sich vielseitige Aktivitäten und schließlich wurde aus dem jugendlichen Insektensammler ein etwas gesetzterer „Jäger“ mit der Kamera. Die Alltagspflichten fordern, die meiste Zeit des Jahres, den Aufenthalt in der Großstadt, aber ungezählte Wochenenden und auch ein längerer Urlaub führen immer wieder in die altvertraute Umgebung des Ohratales. In die tiefen Seitentäler mit ihren wispernden und flüsternden Rinnsalen, den anheimelnd plätschernden Bächen, und einer artenreichen Tier- und Pflanzenwelt. Die dicht bewaldeten Berge, mit ihren wildromantischen Wanderwegen und den für einen weiten Rundblick offenen Hochplateaus, mit einer beeindrukkenden Fernsicht über die Höhenzüge des Thüringer Waldes.
So liegt auch momentan nichts näher als wieder einmal ein etwas verlängertes Wochenende bei den Schwiegereltern, in der zur zweiten Heimat gewordenen Landschaft, zu verbringen. Wo an dem bereits gedeckten Wohnzimmertisch, mit einem durch den Raum schwebenden Wohlgeruch nach gutem Kaffee und hausgebackenem Kuchen, die wichtigsten Ereignisse der jüngsten Vergangenheit, aus der großen Weltgeschichte und vornehmlich der näheren Umgebung, die Grundlage für eine angeregte und langatmige Unterhaltung bilden.
Nachdem der Gesprächsstoff, schließlich auf der Ebene des ausgedehnten Verwandtenkreises angelangt, erfahrungsgemäß nicht all zu bald erschöpft ist, wird die nächst beste Gelegenheit für einen

dezenten Rückzug wahrgenommen, um endlich eine erste Stippvisite in den vertrauten und so lange vermissten Wald anzutreten. Ausgerüstet mit dem handlichen Fernglas 8x30, der Kleinbildkamera und einem unentbehrlichen Requisit, dem bereits viele Jahre getragenen und vom Wetter gezeichneten grünen Filzhut. Schon mancher, der natürlich auch den Mann kennt, rief von weitem: „Den Hut kenn‘ ich doch!“ Und gelegentlich fällt auch mal die Bemerkung: „Der Waldläufer ist wieder da.“

Gleich dem Wohnhaus gegenüber geht es ein gutes Stück steil bergan, bis auf den unteren Hangweg des Kienberges. Dieser Weg führt, stetig leicht ansteigend, den Windungen des Berghanges folgend, vorbei an dem Vorsprung des Turmberges mit der Ruine Käfernburg, in ein beschauliches Seitental, die Klotze. Hier ist gut verweilen. In der klaren Waldluft, mit ihrem Duftgemisch aus Harz und Fichtennadeln, mit dem reichhaltigen Bukett aus frischer Erde, Fingerhut und Weidenröschen, das der Wind über der Schlagfläche oberhalb des Weges aufgenommen hat, wird erst einmal in vollen Zügen kräftig durchgeatmet und die Lunge von den Resten der stickigen Stadtluft und der Eisenbahnfahrt befreit.

Auf den vergrasten Waldwegen und dem Nadelstreuboden des Hochwaldes ist es ein wohltuendes Gehen. Die reinste Massage für die stadtgeplagten Füße. Hier wird man nicht schon nach kurzer Zeit pflastermüde, man fühlt sich eins mit der Natur. Durch die vielen Jahre des Aufenthalts in der Natur, hat sich obendrein eine Gangart ausgebildet, die zwar bei weitem nicht an die der Indianer aus den Lederstrumpferzählungen und Karl-May-Abenteuern heranreicht, die aber im Alltagsbetrieb schon manchen Tadel von schreckhaften Mitarbeiterinnen einbrachte: „Wie kann ein so großer Mann so leise laufen!?“

Am alten Pflanzgarten, mit den Buchenschösslingen und einigen Anflugfichten, bei der mächtigen bemoosten Überhälterfichte, deren tief hängende starken Äste fast bis in Mannshöhe herabreichen, bietet sich ein weites Blickfeld über das ganze Terrain. In beschaulicher Ruhe, so wie sie diese Landschaft rundum vermittelt, lässt sich das Panoramabild genießen. Seit dem letzten Besuch hat sich hier kaum etwas verändert. Ab und an gleitet der Blick, mit Hilfe des Feldstechers, über einzelne Abschnitte der Berghänge beiderseits des Tales. Die Fläche des alten Kahlschlags liegt ruhig im Sonnenlicht, nur das hohe Gras wiegt sich leicht in dem sanften Lufthauch dieses Nachmittags. Weiter oben, wo der Schatten des Jungwuchses auf dem schmalen Pfad liegt, sind einige Halme stärker in Bewegung. Es ist ein Mümmelmann, der da oben „vespert", dabei ab und an die Löffel aufstellt und dazu noch Männchen macht, um ja nichts in der Umgebung zu verpassen. Ein nicht allzu häufiger Anblick. Die Hasen sind rar geworden, in dieser Landschaft.

Der Blick wandert weiter an der Buschkante entlang, hangabwärts durch den lichten Hochwald, um schließlich in der Senke, an dem klaren Quellbächlein länger zu verweilen. Beiderseits des Wässerchens wächst hier saftiggrünes Gras und zieht sich drüben, zwischen einer aufgelockerten Fichtenschonung, den Hang hinauf. Da, mittendrin bewegt sich der Wipfel eines Bäumchens. Manchmal turnt hier ein Eichhörnchen umher, aber es ist nichts Derartiges auszumachen. Einige Schritte zur Seite eröffnen eine ganz andere Perspektive und entlarven den Verursacher des Wipfelbebens als einen Rehbock, der hier im Übermut seine Kräfte misst oder ganz einfach den restlichen Bast von seinem Gehörn fegt. Vielleicht lässt sich die Kamera in Schussposition bringen. Der Wind steht günstig, sodass nicht zu erwarten ist, dass ihn der verschreckende Duft des störenden Zweibeiners in den Windfang weht.

Das kurze Stück des Weges, bis zu dem Bogen, auf die gegenüberliegende Hangseite, nimmt nicht all zu viel Zeit in Anspruch. Jedoch auch das Böckchen hat sich mittlerweile auf den Weg gemacht und so kommen wir fast gleichzeitig, kaum zwanzig Schritte voneinander entfernt, auf der Wegkante an. Aber er hält tapfer eine Aufnahme aus, bevor er, in großen Sprüngen, weiter bergwärts hastet.

Hoch zum „Kleeblatt", einem Plateau mit einer weiten Sicht aber

die umliegenden Höhenzüge und tief in die vorgelagerte Ebene hinaus, geht es durch eine lange Schneise in der großen Fichtenschonung. An der Kante, des sich weit über den Kamm ziehenden Hochwaldes, steht ein stabiler Ansitz, auf dem sich die Abendruhe beschaulich genießen lässt.
Das „Jagdgerät“ ist für alle Fälle schussbereit in Reichweite abgelegt. Ein Gerät besonderer Art. Es knallt nicht so erschreckend laut und hat auch nicht die verheerende endgültige Wirkung, vielmehr verursacht es eine bleibende angenehme Erinnerung. Von der Seite betrachtet, gleicht es durchaus einer Jagdbüchse, nur ein bisschen zu klobig und kurzläufig geraten. Das Ganze ist ein etwas sperriger aber durchaus handlicher Eigenbau. Die Kamera mit Teleobjektiv, montiert auf einem ausgedienten Gewehrkolben. So lassen sich auch mit langer Brennweite, brauchbare Aufnahmen freistehend „aus-der-Hand-schießen“. Mittlerweile wird es von hinten her lebendig. Mit zaghaftem Trippeln schickt sich ein Rudel Rotwild an, aus dem Hochwald zu treten. Es sind Hirschkühe mit ihren Kälbern und einige Schmaltiere. Am Waldrand verhoffen sie kurz, um dann gemächlich weiter zu ziehen. Die Zeit reicht für einpaar Gruppenfotos. Eine ganze Weile noch ist dieses traute Bild, der gemächlich hangabwärts ziehenden Tiergruppe, zu beobachten.
Ringsum ist es wieder ruhig geworden. Eine kleine Erdhummel summt noch, in den letzten Strahlen der Abendsonne, um die Stände des roten Fingerhutes und über den Wipfeln strebt eine einsame Krähe ihrem Schlafplatz entgegen. Der Sonnenball taucht drüben, über dem Streitberg, in einen Dunstschleier und in der Ferne hängen sich feine Nebelschleier zwischen die Fichten. So ist es sicher nicht mehr lange hin, bis sich die Dämmerung über die Landschaft legt.
Heimwärts geht es, in einer Abkürzung, quer über den Schlag. Wo es tückische Stolperfallen, in dem hohen Gras, zwar nicht leichter machen, aber der Weg beschreibt hier einen zu großen Bogen. Weiter drüben, im Unterholz, fühlt sich jemand wahrscheinlich bei seinem Nachtmahl gestört. Mit durchdringendem „baoo---baoo“

tut der Rehbock seinen Unwillen kund und noch im abspringen brabbelt er vor sich hin „bbo-bbo-bbo, bbo-bbo“.
Als der untere Hangweg wieder erreicht ist, hat sich der Nebel ziemlich zusammengezogen und offenbart ganz eigenartige, in der hereinbrechenden Dämmerung fast unwirklich erscheinende Bilder und die leisesten Geräusche, selbst die eigenen Schritte, werden in gespenstisch anmutender Weise, wie von einer Mauer, im Widerhall zurückgetragen. Es ist ein seltsam unwirklicher Zauber des Naturerlebens.
Hinter der Wegbiegung, im Kahlschlag, auf der hügeligen Erhebung, stehen ganz unverhofft, schemenhaft im Nebel, fünf Stück Rotwild. Ein herrliches Bild, aber leider nicht zum Fotografieren. Mitten auf dem Weg, wie angenagelt, bleibe ich stehen, denn sie äugen in meine Richtung. Witterung können sie nicht bekommen: Was ist das für ein Etwas, da - so plötzlich in der Landschaft? Eine ganze Weile sind die Tiere unschlüssig, dann entscheiden sie sich, der Sache auf den Grund zu gehen. Ganz langsam, die Lauscher stetig in Bewegung und den Windfang prüfend erhoben, kommt die imposante Gruppe näher und näher. Ein bisher einzigartiges Erlebnis! Wie weit geht es? Einfach in die Hände klatschen oder hüsteln, da ahnten sie wohl gleich, welch ungehobelter Zweibeiner hier erschienen ist und schon gar nicht dürfen sie womöglich in eine Schrecksituation geraten. So fällt mir spontan nichts Besseres ein, als das alte Lied „Guten Abend, gute Nacht“, ganz pianissimo, wie auf einer Piccoloflöte, zu pfeifen. Diese Darbietung scheint zu gefallen. Wie andächtig verhoffen sie, um schließlich langsam seitwärts, ohne jede Hast, über den Schlag, davon zu ziehen. Längst sind sie im Nebel untergetaucht, lange noch schau‘ ich ihnen nach. Welch beeindruckende Szene, an diesem späten Nachmittag.
Allmählich breitet sich der Mantel der Nacht über die Landschaft. Unter den hohen Fichten ist der Abzweig, zum Turmberg hin, kaum noch zu erkennen. Auf dem schmalen Pfad, ziemlich holprig hangabwärts, ist dann bald die alte Turmruine der Käfernburg erreicht. Hier unten ist der Nebel nicht ganz so dicht, wie oben

am Berg. Der Blick reicht bis über den in der Abenddämmerung liegenden Ort, wo er sich weiter unten, an der Biegung, im Dunkel verliert. In den Häusern sind längst die Lichter angegangen und ganz so, wie über dem friedlichen Bild des Dorfes der Klang der Abendglocke andächtig schwingt, schwingt auch der Pirschgang mit der Kamera ruhig und beschaulich aus.

Begegnung mit dem Zwergtaucher

Wieder einmal werden einige Sommertage in der alten Heimat verbracht und ebenso wie die Urlauber, hoffen auch die Landwirte auf warmes, sonniges Wetter, doch der Himmel sieht ganz und gar nicht danach aus. Das Barometer ist gefallen und tief hängen die regenschweren Wolken. Der Nordwestwind jagt sie über das Mittelgebirge und von Zeit zu Zeit entledigen sie sich ihrer nassen Last. So lange es nicht in Dauerregen ausartet, werden die freien Tage genutzt und, in entsprechender Kleidung, ausgedehnte Spaziergänge in die herrliche Umgebung unternommen. In der Natur ist es zu jeder Jahreszeit und bei jedem Wetter schön und interessant.
Auf einem Waldweg, gleich hinter dem kleinen Bahnhof, unterhalb des Ortes, am Ausgang des Tales, geht es zu zwei einsamen, in einer weiten Grasfläche gelegenen Anwesen. Der Blick reicht von hier bis über das, in der Ebene liegende, Städtchen Ohrdruf und es ist gut vorstellbar, wie sich auf dieser beeindruckenden Fläche, noch im ersten Viertel unseres Jahrhunderts, das Birkwild zur Balzzeit hier versammelt hat. Eine Abkürzung, quer durch die Wiesen, über den kleinen Bach, führt zum eigentlichen Wanderziel.
Die Rasenteiche, in der Ebene, umgeben von hohen Nadel- und Laubgehölzen, wecken weit zurückliegende Kindheitserinnerungen. Verwandtschaftsbesuche, von Ort zu Ort, wurden in jener Zeit noch zu Fuß erledigt. Oft führten die vielen Wege mit der Großmutter auch über diesen schönen Flecken Erde. Vorbei an dem munter plätschernden Bach, der in seinem Lauf die Teiche mit klarem

Wasser versorgt. Über die schmale Brücke und den verträumten Wiesenweg, der zunächst zu dem kleineren der zwei Teiche und einem Sumpfgelände mit einer dichten Busch- und Gräserflora führt und anschließend die große Fläche des Hauptteiches umschließt. Auf der Insel stand damals ein Schwanenhäuschen und die Höckerschwäne zogen majestätisch über das weite Wasser. Immer wurde an der Geländerbrüstung, vor der breiten Freitreppe, eine kurze Rast eingelegt, um die Schwäne mit Resten aus Omas Küche zu füttern, wobei sich manchmal auch noch einige große Karpfen dazugesellten.

Die Kühle dringt mittlerweile unangenehm durch die Kleidung und ruft die Gedanken wieder in die Gegenwart. Schon einige Jahre sind die Schwäne hier ausgeblieben und das Schwanenhäuschen gibt es wohl auch nicht mehr. Die Insel ist dicht verwachsen und das trübe Wetter lässt die ganze Landschaft noch wilder erscheinen. Das Wasser ist eine große düstere Fläche, der Wind hat es blank gefegt. Die alten Weiden hängen ihre Zweige tief auf die windgepeitschten Wellen und ringsum scheint sich alles Lebendige zu ducken oder zu verkriechen. Mit dem Feldstecher ist weit und breit nichts auszumachen, was den Blick fesselt. Oh doch - ganz weit drüben, an der Schilfkante, regt sich etwas. Ein kleiner Schwimmvogel. Etwas näher ist der Vorwitz, den das miese Wetter augenscheinlich nicht so stört, gut zu erkennen. Es ist ein Zwergtaucher.

In dem breiten Schilfgürtel, wo er reichlich Schutz findet, führt er sein heimliches Leben. Er kann es sich nicht leisten, wie seine großen Vettern, der Haubentaucher oder der Rothalstaucher, stolz über die weite Fläche zu schwimmen. So ein kleiner Kerl hat sicher einige Feinde mehr zu fürchten, sowohl unter Wasser wie auch aus der Luft. Der Zwergtaucher ist nur reichlich wacholderdrosselgroß und der kleinste unserer heimischen Lappentaucher. Diese Vögel haben keine Schwimmhäute zwischen den Zehen, wie etwa die Enten oder Schwäne, sondern an den Zehen befinden sich die so genannten Schwimmlappen. Wegen ihrer weit hinten sitzenden Beine, werden sie auch Steißfüße genannt.

Sobald sich nur etwas in seiner Nähe regt, taucht er fast lautlos weg, um an einer weit entfernten Stelle wieder aufzutauchen. Immer auf der Hut, aber auch immer auf der Suche nach etwas Essbarem. Im Röhricht schwimmt, an ein paar Halmen befestigt, sein Nest. Eine kleine Insel aus allerlei Stängeln, Laub und Schlamm. Die Nestmulde beherbergt noch ein Ei, mit der Zeit, durch den Faulschlamm, braun gefärbt. Die schon geschlüpften Küken tummeln sich zwischen den Schilfstängeln und machen ihrem Artnamen alle Ehre, denn sie sind wirklich schon recht geschickte „Taucher“.
Die Nähe zum Ufer verspricht Fotoaufnahmen ohne nasse Füße und die Lichtverhältnisse erscheinen auch einigermaßen passabel. Aus dicht belaubten Zweigen entsteht ein Schirm für den Kameramann und seine Utensilien, denn das traute Familienidyll soll, durch die Anwesenheit des Fremdlings, weitgehend ungestört bleiben. Und irgendwann wird ja hoffentlich das Wetter wieder etwas fotogener.
Endlich klarer Himmel. Strahlende Sonne. Die Zwergtaucher schwimmen weiter draußen. Ab und an tauchen sie, um zwischen Laichkraut und Wasserpest nach etwas Fressbarem, einem Wasserkäfer oder einer Libellenlarve, zu haschen. Die Mutter lockt die Kleinen. Sie steigen auf ihren Rücken und lassen sich „kahnfahren“. Der kleine schwimmende Bau, mit dem Rest des Geleges, ist mit Nestmaterial zugedeckt und so ist es, jedem feindlichen Auge verborgen, gut behütet. Die Kleinbildkamera mit dem Teleobjektiv ist montiert.
Nun beginnt das Warten. Aber ohne Langeweile. Immer gibt es etwas interessantes, ob mit dem Feldstecher in der Ferne oder ganz in der Nähe. Fast vor den Füßen wuselt im seichten Wasser, zwischen verrottetem Laub, eine Wasserspitzmaus. Jede Kreatur versucht ihr Tagespensum an Nahrung zu finden. In diesem Lebensraum, mit den unzähligen Insektenlarven und Kleintieren, haben sicher alle ihr gutes Auskommen.
Plötzlich erscheint die „Alte“ neben ihrem Nest und beobachtet lange, lange. Das große, schwarze Auge der Kamera, in der dich-

ten Wand aus Zweigen und Blättern, ist ihr fremd und macht sie argwöhnisch. Sie traut dem Frieden nicht und besieht sich die Sache lieber erst noch einmal von weitem. Endlich, nach geraumer Zeit, ist sie genauso wieder da wie sie verschwunden war. Langsam besteigt sie das Nest, ordnet den Rest des Geleges und lässt sich behutsam darauf nieder. Nach der Größe der aufgeweckten Nachkommenschar zu schließen, ist sicher das nochvorhandene Ei faul gebrütet, aber ihr ausgeprägtes Brutverhalten wird es sie wohl noch einige Tage versuchen lassen.

Lange beobachte ich dieses schöne Bild. Als ich mich endlich entschließe, die Kamera auszulösen, reicht die Zeit gerade für zwei Aufnahmen. Eilig bedeckt die Mutter ihr Gelege und taucht, so lautlos wie sie gekommen ist, wieder unter Wasser.

In der Nacht kommt erneut Gewitter auf. Der Himmel öffnet seine Schleusen, mit nur wenigen Pausen. Das Fotowetter ist vorbei und der Urlaub neigt sich seinem Ende entgegen. Um das heimliche Leben im Schilf auch ferner zu bewahren, wird der Beobachtungsort wieder in seinen natürlichen Zustand versetzt und bei einem Abschlussspaziergang, rund um den Rasenteich, durchstreifen die Gedanken das Erlebte der vergangenen Tage und der Blick gleitet versonnen über das so trist erscheinende Wasser.

In der grünen Fläche der Teichlinsen und Seerosenblätter hebt sich ein silbrig scheinendes Etwas ab. Einen Fisch, lässt der wohl naheliegende Gedanke vermuten, der sich aber bei genauerer Betrachtung als ein „kieloben“ treibender Zwergtaucher entpuppt. Eine Bergung erscheint zunächst etwas schwierig, gelingt dann aber mit Ausdauer und einigen Hilfsmitteln. Lange kann er wohl so noch nicht gelegen haben und äußere Verletzungen sind auch keine zu erkennen. Das wird eine interessante Aufgabe für unseren alten Präparator aus dem Naturkundemuseum.

Hier offenbart sich dann auch das so fragwürdige Ende dieses kleinen Schwimmvogels. Er wurde mit ganz feinen Schrotkugeln, wie sie in unserer Jägerschaft nicht gebräuchlich sind, erschossen. Nun steht der Zwergtaucher auf einer kleinen Konsole, über dem Schreibtisch, und erinnert an einen zwar verregneten, jedoch interessanten Urlaub, aber auch gleichsam daran, dass der Schutz des immer weiter schrumpfenden Refugiums Natur bei weitem noch nicht zum Gedankengut aller gehört.

Am Saukopfmoor

Nun schon etwas länger der Schulzeit entwachsen und damit auch der Fotografierpraxis mit der Agfa-Rollfilm-Box. Um künftige Bilddokumentationen etwas anspruchsvoller gestalten zu können, wurden die, in jener ohnehin kargen Zeit, größtenteils bescheiden ausgefallenen Geldgeschenke, anlässlich der Konfirmation des aufstrebenden Naturenthusiasten, mit mühsam Erspartem aufgestockt und die erste Kleinbild-Spiegelreflex-Kamera angeschafft.
Nachdem die Praxis, durch zahlreiche schwarz-weiß Abbildungen und noch mehr Farbdiapositive aller erreichbaren Motive, eine gewisse „Reife" erreicht hatte, sollte natürlich auch etwas Vorzeigbares, Abgeschlossenes entstehen. Was bot sich da, aus der viel begangenen Umgebung, besseres und eindrucksvolleres an, als ein Lichtbildervortrag über das beeindruckende Hochmoor? Ein wildromantischer Flecken Erde, weit in den Hinterbergen, auf dem „Saukopf" gelegen. Nicht nur reichlich Bildmaterial, sondern auch etliches an Literatur, über dieses Territorium und seine Geschichte, wurden für dieses Vorhaben zusammengetragen.
Einige Jahre sind seitdem vergangen. Der Lichtbildervortrag fand Gefallen und Beachtung. Damit beginnt der „Höhenflug": Ein Film, über dieses Gebiet, soll es nun werden! Aber, wie diese Idee umsetzen? In einer Zeit äußerst knapper finanzieller Mittel und, ganz natürlich, genauso bescheidener technischer Ausrüstungen.
Freund Walter muss für dieses Vorhaben gewonnen werden. Er ist aus meinem Bekanntenkreis der einzige, der eine Schmalfilmkamera besitzt. Es ist eine alte „Sechzehnmillimeterschnaspel", die wahrscheinlich in ihrer wechselvollen Vergangenheit, in einer turbulenten Zeit, schon viele hundert Meter Film durchgezogen hat, aber sicher nur wenig Erfreuliches in den vergangen Feldzügen dokumentierte. Immerhin, absolut auf der Höhe der Filmtechnik, besitzt sie einen Objektivrevolver mit drei Brennweiten.
Das Drehbuch geht größtenteils, bis auf die Einführungssequenzen zur Geschichte des Gebietes, mit dem Inhalt des Dia-Vortrages kon-

form. Nachdem die Vorbereitungen soweit gediehen sind, soll es nunmehr an die Verwirklichung des neuartigen Vorhabens gehen, zu dem bislang noch jegliche Erfahrung fehlt. Von den bescheidenen zwei Wochen Jahresurlaub wird vorerst einmal vorsichtig eine Woche dazu eingeplant. Wohnen können wir während dieser Zeit bei Großmutter und Tante, in dem einsam stehenden Häuschen. Natürlich genau am gegenüberliegenden Ortsende, in Richtung unseres Exkursionszieles, aber dafür kostenfrei.

Auf Grund der großen Entfernung und dem Umstand Rechnung tragend, dass der allergrößte Teil zu Fuß überwunden werden muss, soll vorerst für die Dreharbeiten an den beiden Hauptaktionsorten jeweils nur ein Tag intensive Arbeit ausreichen. Die jahrelange Bekanntschaft und teilweise auch recht gute Beziehung zu den Revierförstern, würde sicher, für dieses Vorhaben, die Benutzung eines Fahrzeuges auf den Waldwegen ermöglichen. Nur - wir haben sowieso keins.

So verläuft die erste Route, heute noch relativ bequem, mit dem Linienbus bis auf die Höhe der Kammstraße. Wo uns zunächst der Weg zum Haus des zuständigen Revierförsters führt, den wir ordnungshalber, darüber informieren, dass wir uns wiedereinmal auf dem Moor herumtreiben.

Nach einem ausgedehnten Plausch mit dem alten Herrn, obendrein noch mit interessanten Hinweisen und guten Ratschlägen versorgt, geht es weiter in Richtung Schießplatzwiese. Einem weitflächigen, leicht gewelltem Terrain, mit großen, vereinzelt stehenden, uralten Fichten. Hier vergeht bereits geraume Zeit, um die vorteilhaftesten Kamerapositionen, zum „Einfangen" des beeindruckenden Panoramas und vor allem der wuchtigen Bäume, zu finden.

Zu früh, um von der Kamera noch rechtzeitig voll erfasst zu werden, streicht soeben, drüben am Waldrand, eine Auerhenne ab. Lange Zeit aus dieser Landschaft ganz verschwunden, ist dieses imposante Federwild, in den letzten Jahren, hier wieder heimisch geworden und ganzjährig geschützt.

Das Moor ist zwar auf der Karte mit „Großer See" und „Kleiner

See“ eingezeichnet, aber für den Unkundigen ist der Einstieg nicht so ohne weiteres zu finden. Auch gut so, denn schnell ist ein solches Kleinod durch allzu intensive Besuche zerstört. Nach älteren Angaben hat die dem Untergrund aufliegende Torferde eine Mächtigkeit von zwei bis vier Meter. Die auffallendsten Pflanzen, welche hier vorkommen, sind Torfmoose. Darüber hinaus sind sehr bezeichnende Moorpflanzen wie scheidiges Wollgras, Trunkelbeere, Krähenbeere (oder schwarze Rauschebeere), Moosbeere und Sonnentau anzutreffen.
Von der Baumkante des kleinen Sees aus wird die Kamera zunächst in einem Schwenk die interessante Flora erfassen, wobei in dem gesamten Abschnitt einzig und allein die Natur agieren soll. Diese eine Szene verlangt jedoch direkt danach, einen Wanderer, bzw. dessen über den schwingenden Moorboden gehen zu lassen. Folglich fällt diese Aufgabe mir zu, da ja Walter hinter der Kamera steht. Erste Einstellung ohne Film: Vorsichtiges Tasten über den Boden, bis zur anderen Seite. Gut angekommen! Szenenversuch Nummer zwei, mit einer anderen Brennweite: Wie gehabt! Das dritte Mal, Kamera läuft: Vorsichtiger Gang, wie geprobt. Mittendrin passiert’s - das linke Bein steckt bis zum Knie im Morast. Applaus!
(Ob das mein Kameramann provoziert hat?)
Erstens ist das Wetter warm, zweitens ist es kein Faulschlamm, sondern Torf und drittens haben wir kurze Hosen an. Nachdem alles wieder trocken ist, wird es abgeklopft und sieht aus wie frisch gewaschen. Die Szene wird natürlich nicht wiederholt. Besser hätte sie vielleicht gar nicht werden können. Höchstens, nach dem Entwickeln, noch ein bisschen schneiden. Bei dem geringen „Budget“ muss natürlich mit dem kostbaren Material so sparsam wie möglich umgegangen werden.
Die Zeitauswahl hätten wir nicht besser treffen können. Alle vorkommenden Beerensträucher stehen voll in der Fruchtreife und verhelfen so zu einer ganzen Reihe beeindruckender Nahaufnahmen. Die in einer Schachtel, speziell zur Darstellung des „fleischfressenden“ Sonnentaus, mitgebrachten Insekten, erhalten

ihre Freiheit zurück. Die Fauna hier oben ist vielfältig und reich genug, dass sich ganz natürlich alle Stadien der Verdauung auf den, mit einem klebrigen Tropfen versehenen, „Tentakeln“ der kaum fingernagelgroßen Blätter dokumentieren lassen. Hierbei handelt es sich um die rundblättrige Form des Sonnentau, Drosera rotundifolia.
Um das Jahr 1897 wurde auf dem Moor ein Bepflanzungsversuch mit Fichten unternommen. Diese erreichten kaum eine Höhe von zwei Metern und ein großer Teil davon ging ein. Noch wenige Fragmente zeugen davon. Auffällig ist außerdem ein breiter Wassergraben, dessen Ursprung auf einen Entwässerungsversuch zurückgeht, der ebenfalls um die Zeit der Bepflanzung unternommen wurde. Ein im August 1897 auf dem Gebirgskamm niedergegangenes Gewitter verursachte mit einer starken Überschwemmung erhebliche Zerstörungen an Wegen und Brücken, woraufhin der Wasserabfluss des Moores durch Querbauten wieder eingedämmt wurde.
Im Eifer der Begeisterung, alle interessanten Details für den Betrachter ansprechend darzustellen, ist die Tageszeit unbemerkt schon weit vorangerückt. Jetzt heißt es, ein paar Schritte zulegen. Die Aufnahmen am Zwieselstein, einer interessanten Felsengruppe, die in Nähe des Rückweges liegt, sollen heute noch bei günstigem Licht mit abgedreht werden. Und dann weiter, über die Klinge durch den Kerngrund und den langgestreckten Ort im Tal, ist es schließlich noch ein beträchtliches Stück.
Danach wird erst einmal ein „Ruhetag“ eingelegt, der mit Umspulen des Filmmaterials, dem Einfangen von am Wege sich anbietenden Zufalls-Schnittbildern und natürlich am Abend, für einige Stunden, in einer gemütlichen Gaststätte, verbracht wird. So wie ein Spaziergang nur selten ohne Kamera stattfindet, gehören auch oft die Musikinstrumente zur „Grundausstattung“ bei einem Gaststättenbesuch. So werden es nicht nur einige gemütliche Stunden, es wird ein sehr lustiger Abend, mit einem „Engagement“-Angebot, vom Gastwirt, für alle noch verbleibenden Urlaubstage. Was natürlich, in unserer beengten Finanzsituation, gerne angenommen wird.

Inzwischen haben wir auch in Erfahrung gebracht, wo zurzeit die Holzhauer arbeiten. Es ist weit in den Hinterbergen, am „Roßkopf". Nicht gerade der nächste Weg, aber es bleibt uns weiter nichts übrig. Laut „Drehbuch" ist vorgesehen, die Erhaltung und Bearbeitung des Waldes, als Rahmen, in einem begrenzten Umfang, mit darzustellen. So heißt es also: Zeitig raus aus den Federn. Und - der Weg zieht sich. So weit die Strecke auch ist, Kurzweil bietet sie an allen Stellen. Nur schade, dass mit dem Filmmaterial so gegeizt werden muss. Eine Fülle der interessantesten Bilder rundum. Einige werden wenigstens mit der Kleinbildkamera festgehalten. Allein der Bach, mit seinem steinigen Grund aus Porphyrgeröll und dem glasklaren Wasser, offenbart Motive in reicher Fülle. Dazu die Flora im und am Wasser, der imposante Wechsel von Licht und Schatten, und die prächtig gefärbten Falter und Libellen.
Die Ruhe der Natur, getragen von dem sanften Plätschern des Baches und dem monotonen Summen der Insekten, nur ab und an unterbrochen durch das Tremolo eines klopfenden Spechtes oder dem kreischenden Warnruf eines Eichelhähers, überträgt sich so ganz allmählich auch auf die Wanderer. Natürlich muss das selbst auferlegte Tagespensum erfüllt werden, aber in erster Linie haben wir Urlaub. Und - diesen wohlverdient! Die alltäglichen „Wolken" aus Chloroform und Äther, durchsetzt mit weiteren Wohl- und Unwohlgerüchen, bilden ein sehr zäh haftendes Parfüm, das nicht selten verrät, aus welcher Branche wir kommen.
Der herbe Duft des Waldes, gemischt aus der Vielfalt der Blüten und den kräftigen Aroma des Harzes und der Fichtennadeln, vertreibt den Rest des noch verbliebenen Ruchs. Die Lungen atmen sich frei, in der reinen klaren Luft des Bergwaldes. Die Gedanken werden dabei in ganz andere Bahnen gelenkt und der Gesprächsstoff ist fern von allen kleinen Sorgen und denen der großen Welt. Verhalten dringen die Geräusche einer Motorkettensäge und vereinzelter Axtschläge aus der Zielrichtung, allzu weit kann es also nicht mehr sein.
Der Weg führt stetig bergan, dem Bachbett folgend, um schließlich,

über eine stabile Brücke aus Fichtenstämmen, in sein schmales Seitental abzubiegen. Weiter hinten, auf einer kleinen Lichtung, sind eben die Vorbereitungen für das Holzfällerfrühstück in Gange. Das obligatorische Feuer, angelegt in einer kleinen Mulde, zum Aufwärmen des Kaffees oder um auch einmal eine Speckscheibe knusprig zu brutzeln, beginnt gerade zu lodern.
Bis wir endlich dort ankommen, sind schon alle um das Feuer versammelt. Die kleine Brigade, gerade vier Mann stark, ist fast ganz in Familie, denn es sind: Max, sein Sohn Heinz, Schwager Karl und ein Einziger aus dem Ort, der nicht zur Verwandtschaft gehört. Reihum werden zur Begrüßung die schwieligen, kräftigen Hände gedrückt und in der Runde tauchen wir, im Verlauf der recht angeregten Unterhaltung, ganz in die uns umgebende Atmosphäre ein. Bekommen einen Einblick in die Freuden und Kümmernisse, vor allem aber in die Realität dieser harten und beschwerlichen Arbeit, bar jeglicher Ronantik. Bei jeden Wetter, Sommer wie Winter, an den verschiedensten Orten. Die, egal wie weit und wie hoch, mitunter auch schwer zugänglich und steil, täglich mit dem Fahrrad erreicht werden müssen. Obendrein betreiben die meisten Familien hier noch nebenbei, manche in kleineren und einige sogar auch in größerem Umfang, eine Landwirtschaft. Wobei naturgemäß kaum Zeit für Urlaub und erholsame Entspannung übrig bleibt.
Die Einstellungen um das Lagerfeuer, das heute sicher besonders beeindruckend angelegt wurde, sind soweit „im Kasten", bevor es wieder, den Hang hinauf, an die Arbeit geht. Jahre zuvor nur mit schweren Äxten und langen Schrotsägen per Hand betrieben, hat sie jetzt, zumindest teilweise, eine „Modernisierung" erfahren. Für den Baumschnitt ist eine große Zweimann-Motorkettensäge vorhanden, deren Handhabung, an den steilen Hängen, aber auch nicht gerade einfach zu sein scheint.
Ein alter Bestand, durchweg starke gesunde Bäume, wird im Kahlschlag bearbeitet. Die Säge, weit unten am Stamm angesetzt, lässt nur einen kurzen Wurzelstock übrig. Mit mächtigem Rauschen neigt sich die hohe Fichte und schlägt wuchtig am Boden auf. Alle

vier bearbeiten, jeder an seinem Platz, mit gekonnter Präzision den gefällten Baum. Mit kräftigen Hieben der schweren Axt, werden die Äste sauber entfernt. Aus dem astlosen unteren Bereich wird, mit dem Schaleisen, die Rinde in groben Stücken geschält, als Lohe für die Lederherstellung.
Der Einschlag der Bäume geschieht bergwärts, so dass sich auch gute Kamerapositionen aus der Froschperspektive verwirklichen lassen. Nachdem das ganze Geschehen, aus respektvoller Entfernung, eingehend in der Totalen verfolgt ist, werden nun, mit der erforderlichen Umsicht, auch beeindruckende Szenen in Nahaufnahmen festgehalten. Tonaufnahmen würden diese Bilder sicher sehr vorteilhaft unterstützen. Alles kann man eben nicht haben. Jeder hat einmal klein angefangen.
Nach geraumer Zeit sind alle wesentlichen und interessanten Details soweit abgedreht und wir lassen die Holzhauer mit ihrem Wald und der schweren Arbeit wieder allein. Schon auf halbem Heimweg werden wir von unseren Akteuren mit den Fahrrädern überholt. Sie haben es auch wesentlich eiliger. Auf sie wartet noch zu Hause die Landwirtschaft, auf uns hoffentlich ein kühles Bierchen.
Bis auf den letzten Zentimeter ist der gesamte Filmvorrat aufgebraucht. Was wir uns vorgenommen hatten, konnten wir im Wesentlichen verwirklichen. Was daraus geworden ist, wird sich nach der Filmentwicklung offenbaren und der Schnitt muss es zur Komposition reifen lassen. Zu einer Preisverleihung wird es wohl kaum antreten können und sollte es gar von uns selbst „ausgepfiffen" werden, - die herrliche Landschaft, die wechselvollen und immer wieder neuen Eindrücke und Begegnungen und, - nicht zuletzt, die nachhaltige Erholung, waren uns die Strapazen wert.

Mit den Essern auf großer Tour

Die Schmalfilmrollen, mit den Aufnahmen vom Hochmoor, sind schon lange aus der Entwicklung zurück. Wieder und wieder haben wir das Rohmaterial angesehen und dann geschnitten. Etliche

Szenen lassen allerhand zu wünschen übrig. Die Belichtung ist recht ordentlich, aber an der Schärfe hapert es mitunter ganz deutlich. Da hilft es auch nicht, ein Auge zuzudrücken. Also wandert schließlich ein großer Teil der Produktion in den Papierkorb. Der einigermaßen annehmliche „Streifen", der letztendlich übrig bleibt, stellt sich sehr bescheiden dar.
Es bei diesem armselig ausgefallenen Experiment zu belassen, wäre sicher die billigste Art, aber wohl etwas zu „billig". Aus einer Schlappe kann man auch lernen; denn wer gar zu schnell aufgibt, erreicht kaum sein Ziel. Schließlich wollen wir wissen, woran die Misere liegt: An der alten Kamera oder den jungen Akteuren? Da wir mittlerweile „motorisiert" sind, gelten auch die Entfernung und der beschwerliche Anmarsch nicht als Ausrede.
Das Vorhaben wird erst gar nicht auf die „lange Bank" geschoben. Der Frühling hat die Natur bereits in leuchtend frische Farben getaucht und der Sonnenball spendet schon wohlige Wärme. Da bieten sich ein paar Urlaubstage, um den 1. Mai herum, geradezu an. Das Reisegepäck muss allerdings um Etliches minimiert werden. Auf das Allernotwendigste, was gerade so ein leichter Rucksack und ein Köfferchen fassen, wird die Ausrüstung reduziert.
In aller Frühe geht das Reiseduo, mit zwei „flotten" Mopeds, auf Tour. Walter hat immerhin schon dieses SR 2, aber bei einem jungen Familienvater, mit schmalen Einkommen, reicht es gerade mal zu einem gebrauchten SR 1. Aber, wir fahren. Und das gar nicht mal so schlecht. Die beiden „Arschwärmer", wie sie von manchen verächtlich genannt werden, schnurren munter in den Frühlingsmorgen hinein.
Hinter dem Hermsdorfer Kreuz biegen wir beherzt von der Landstraße auf die Autobahn, denn die beiden „Flitzer" schaffen ja flott über fünfzig Kilometer in der Stunde. Es macht so richtig Spaß. Und wie toll wird das sein, wenn wir dann so leicht von Drehort zu Drehort eilen und nicht mehr, wie bisher, alles mühsam ersteigen müssen.
Jäh wird diese Zukunftsvision, schon kurz vor Jena, unterbrochen.

Das alte „Esser“ röchelt nur noch - chrooo chrooo -, beim Drehen am Gasgriff und bleibt stehen. Jeglicher Startversuch bringt nur diese Tonfolge hervor. Das vergebliche Mühen wirkt nicht eben ermunternd, so kurz nach dem Start. Ist es doch die erste Panne solcher Art, aber an Umkehr verschwenden wir keinen Gedanken. Nun, denn: An der Benzinzufuhr oder dem Vergaser liegt es nicht, das scheint soweit zu klappen. Der Motor ist nicht zum anfassen. Schließlich kriegen wir die Zündkerze, mit entsprechenden Hilfsmitteln, zu packen und --- haben den Übeltäter. Zwischen den Elektroden hat sich eine Brücke gebildet. Mit der Bürste fein säuberlich gereinigt und der Schaden ist behoben. Frohgemut sitzen wir wieder auf. Allerdings nur bis zum nächsten „chrooo chrooo“. So geht das weiter, in unterschiedlich langen Etappen, bis sich des Rätsels Lösung offenbart: So eine Maschine hat durchaus etwas menschliches oder, in diesem Fall, pferdiges an sich; denn wie manches Pferd auf eine Peitsche oder Sporen störrisch reagiert, verträgt das Maschinchen keine längere Vollgasfahrt. Diesen neuen „Wesenszug“ beachtend, rollt es nun ganz gut. Klar, dass es hin und wieder noch mal muckt. Der Gaszug rutscht mitunter wie von selbst bis zum Anschlag. Da wird eben zwischendurch eine Pause eingelegt, die Mensch und Gefährt gleichermaßen gut tut.
Ist es auch nicht unbedingt das ideale Reisevergnügen, diese Art der Fortbewegung auf so langer Strecke, aber um Klassen besser als die erste Eisenbahnfahrt der Nachkriegszeit, wo alles nur außerordentlich mühsam wieder in Gang kam. Aber irgendwie sprach es sich herum: „Es fahren wieder Züge.“ Da gab es natürlich kein Halten mehr. Die Schulen waren sowieso noch geschlossen. Endlich wieder einmal die Großmutter besuchen.
Doch wie sah das aus!? Das Reisegepäck war, so ähnlich wie heute, ein Rucksack und ein Köfferchen. Der Bahnsteig am Hauptbahnhof war voller Menschen. Der Menge nach zu urteilen, musste der Zug hier eingesetzt werden. Er kam aber schon gerammelte voll aus Richtung Dresden. In die Abteile zu kommen war hoffnungslos. Die meisten erklommen die Wagendächer oder postierten sich auf den

durchgehenden Trittbrettern, längs der Wagen. Bei diesem Ansturm erwischte ich tatsächlich einen der besten Sitzplätze jener Tage, auf einem Puffer. Das war gar nicht so schlecht. Die Beine konnten sich auf dem Trittbrett abstützen und ein Arm umschlang einen Griff am Wagenende. Der Rucksack hatte sowieso seinen Platz und das Köfferchen lag auf den Knien. Und immer an der frischen Luft, da waren die in den Abteilen gar nicht so sehr zu beneiden. In dieser Haltung ging das S t u n d e n bis Erfurt. Nach dem Umsteigen war es dann auf den Perrons der alten Donnerbüchsen direkt wohltuend geräumig. Über das äußere Erscheinungsbild, nach solcher Reise, kann sich jeder seine eigenen Vorstellungen machen.
Nach der Schulzeit habe ich diese Strecke noch einige Male mit dem Fahrrad abgestrampelt. Aber nun mehr aus sportlichen „Ehrgeiz" -und wohl auch ein bisschen finanzieller Enge, denn Eisenbahnfahren war dann schon wieder recht passabel. Und sportlich, oder so ähnlich, sehen wir auch unsere heutige Reise. Zu vielem gehört eben auch eine gewisse Portion Idealismus. Mit dieser Einstellung und der Vorfreude auf einige erholsame Tage, schnurren wir mit unseren Vehikeln, auf der hochgelegenen Landstraße, dem Tal der Ohra entgegen.
Da wir in der vorausgegangenen Korrespondenz als „motorisiert" angemeldet waren, haben uns Oma und Tante natürlich schon früher erwartet. Sie wussten noch nicht, dass Motorisierung nicht immer auch gleich schnell bedeutet. Nun haben die wackeren Gefährte die lange Strecke endlich geschafft und für den Rest des Tages haben sie eine ausgiebige „Verschnaufpause" verdient.
Der Nachmittag wird in familiärer Runde verbracht, denn es gibt, wie immer, viel zu berichten, was nicht in den Zeitungen steht und der Kneipenbesuch am Abend gilt unserem altbekannten Gastwirt - diesmal leider ohne Musikinstrumente.
An den wenigen Urlaubstagen, bis zum Wochenende, werden so die interessantesten Filmmotive noch einmal bearbeitet und gleichzeitig entsteht nebenbei eine Erweiterung der bereits vorhandenen Diareihe. Die kleinen Unannehmlichkeiten, der langen Anfahrt,

werden dabei mehr als aufgewogen, denn es ist eine Freude, wie die Maschinchen die Steigungen in dieser bergigen Landschaft bewältigen. Wenn auch in manchen Abschnitten mit „allen Vieren“ ein bisschen nachgeholfen werden muss.
Waren die ersten Filmaktionen, zu Fuß, auch eine ziemliche Strapaze, möchten wir die schönen Begegnungen und interessanten Erfahrungen daraus nicht missen; denn Wildbeobachtungen kommen mit diesen „Knatterbüchsen“ natürlich nicht zustande und die kleinen Betrachtungen am Wegesrand müssen auch weiterhin erlaufen werden. Doch vieles schaffen wir in den wenigen Tagen, was ohne die maschinelle Unterstützung nicht möglich wäre.
Allzu gern würden wir noch ein paar Tage dranhängen, zumal das Wetter direkt dazu einlädt, aber die Pflicht ruft und das Jahr ist auch noch ziemlich lang, da muss mit dem wenigen zur Verfügung stehenden Urlaub gehaushaltet werden. So ist nun, am zeitigen Sonntagnachmittag, wieder Aufbruch gen Osten. Schön sachte, um nicht gleich auf den ersten Kilometern den flotten Renner „bockig“ zu machen. Und so schnurren wir, immer brav hintereinander, gemächlich auf der Autobahn entlang.
Auf halber Strecke Überholen uns Bekannte mit dem Auto. Solidarisch fahren sie, als Mut machende Begleitung, ein Stück des Weges verhalten mit, dann wird es aber wohl zu langweilig, sie lösen sich aus dem „Konvoi“ und eilen winkend voraus. Als sich die beiden wackeren Mopeds die Steigung bei Magdala hinaufgequält haben, und oben auf den Rastplatz zu einer Ruhepause einbiegen, werden sie von den Vorausgefahrenen mit Applaus empfangen.
Erholsame und ereignisreiche Tage liegen hinter uns. Obschon die Reise nicht ganz ohne Hindernisse verlief, hat sie Spaß gemacht, aber auch zu der Erkenntnis verholfen, dass diese „Esser“ wohl nicht für so lange Strecken konstruiert sind.

Der Besiegte

Große Ereignisse werfen ihre Schatten voraus. Hinten im Tal werden seit einiger Zeit Bohrungen durchgeführt. Untergrundproben, Gesteinsdichteprüfungen. Eine Trinkwassertalsperre soll entstehen. Eine Staufläche von 88 Hektar wird sie einmal bedecken und 19 Millionen Kubikmeter Wasser fassen. Ein Steinschüttdamm, mit einer Fußbreite von 230 Metern und einer Höhe von 54 Metern, soll es werden. Noch im Ort. Die alte Schmiede und das Forsthaus müssten dabei verschwinden und etliche Wohnhäuser dazu.

Nutzen wir die Zeit, um noch einmal die herrlichen Täler zu durchstreifen. Die Wiesengründe, wo die Kleinbauern im Sommer ihr Heu ernten, und die bewaldeten Hänge, an denen so mancher Handkorb voll Maronen und Steinpilze gesammelt wird. Wer weiß, wie lange noch dazu Gelegenheit besteht, denn schon sind Vermessungsarbeiten, für die neue Straßenführung, im Gange.

Auf der alten Suhler Straße geht es noch einige hundert Meter durch den Ort, vorbei an der „Einnahme", einem einfachen Wohnhäuschen. Bis zum Jahr 1914 bestand hier die Chausseegeldeinnahme, an der die durchfahrenden Wagen eine Gebühr, für einen Teil der Straßenunterhaltungskosten, zu entrichten hatten. Eine Einrichtung, die sich im damaligen Herzogtum Sachsen-Coburg-Gotha am längsten erhalten hat. Auch daran erinnert künftig kaum noch etwas. Hier wird die neue Straße, hinauf auf den Kamm des Höhenzuges, abbiegen.

Vor der Schmiede steht ein ausgespannter, leerer Langholzwagen. Schon von weitem sind die harten Schläge auf das glühende Eisen zu vernehmen, unterbrochen durch das tänzelnde ping-ping, den Leerschlag des Hammers auf dem Amboss, beim Wenden des Werkstückes. Der Fuhrmann lässt die Hufeisen seiner Pferde erneuern, bevor er, zum Rücken der eingeschlagenen Stämme, weiter in die Hinterberge fährt, denn sicher wird er erst spät am Abend, mit der schweren Langholzfuhre, wieder heimkehren.

Die beiden starken Kaltblut-Grauschimmel stehen in stoischer

Ruhe vor dem großen Tor der Werkstatt. Sie kennen das alles schon zur Genüge. Höchstens, das sie mal die Mähne schütteln, wenn die Fliegen gar zu lästig werden. Der Meister hat gerade einen der Vorderhufe auf seinem Knie abgestützt, um ihn einwenig mit der Raspel zu bearbeiten. Danach riecht es intensiv nach verbranntem Horn. Das heiße Hufeisen ist aufgelegt und wird mit kräftigen geschmiedeten Nägeln befestigt.
Die Glut des Schmiedefeuers taucht die düstere Werkstatt in ein diffuses Dämmerlicht, das beim Schüren des Feuers oder dem Betätigen des Blasebalgs eigenartige Bilder zaubert. Über allen liegt eine bedächtige Geruhsamkeit. Kein Handgriff, keine Bewegung geschieht hier in hastiger Eile. So, wie die zwei Kaltblüter vor dem Tor, vermittelt das ganze Geschehen eine Atmosphäre zufriedener Beschaulichkeit, die sich unwillkürlich auch auf den Betrachter überträgt und für einen schönen Tag einstimmt.
Nach der alten Schmiede ist es nur noch ein kurzes Stück, bis zu den „Zwei Ohren". Hier treffen sich Kernwasser und Silbergraben, um als Ohra weiter zu fließen. Über eine breite Brücke führt ein Abzweig hinein in den Kerngrund, durch die Fuchshüttenwiese bis weit in die Hinterberge und schräg am Hang hinauf, auf der Straßenseite, vorbei an einer kleinen Gruppe halbwüchsiger Buchen, steigt der Holzabfuhrweg in stetig gleich bleibender Neigung, wie ein gestrecktes Band, bis zur Höhe des Großen Böhler.
An der Suhler Straße, mit ihren, beide Seiten begrenzende, alten Ahornbäumen, tauchen rechts bald einige naturbelassene Teiche auf. Umwachsen von allerlei Sträuchern und Kräutern, wovon am auffälligsten der Baldrian seinen Duft verbreitet. Nach einer langgezogenen Biegung der Straße, die sich in ihrem Verlauf den leicht gewundenen Tal anpasst, steht am linken Berghang das steil aufragende Felsmassiv des Triefstein, an dessen Sohle angeschmiegt der munter plätschernde Silbergraben talwärts rinnt. Auf der schmalen Wiese, zwischen Bach und Straße, blüht noch vereinzelt eine unserer seltenen heimischen Orchideen, das gefleckte Knabenkraut.

In den frühen Morgenstunden, kurz nach der Dämmerung, wenn der Nebel noch über dem Boden liegt, tritt hier oft das Rehwild zur Äsung aus. Die Straße ist um diese Zeit kaum befahren, meist sind es nur wenige Radfahrer, die ihrer Arbeit entgegenstreben und so ist es größtenteils ungestört. Selbst das Rotwild kommt im Winter bis hier herunter ins Tal.
Schließlich taucht rechts am Hang der Minkwitzfelsen auf und dann geht es durch den Harzstieg steil aufwärts Richtung Kammerbach. Die vergangenen Tage hat es geregnet und hier, im Schatten der Sträucher und Farne, ist es noch ziemlich feucht. So ganz die Voraussetzung, um Feuersalamandern auf der Wanderung zu begegnen. Die behäbigen Lurche, mit ihrer getigerten Zeichnung, sind hier noch relativ zahlreich heimisch.
Auf der Höhe angekommen, bleibt das Kammerbacher Pirschhaus links liegen. Das Ziel ist die Klinge, oder wie es in heimischen Sprachgebrauch heißt, die „Klink'n". Bis in die Jahre des vergangenen Weltkrieges wurde hier Holzkohle hergestellt. Als einzige Erinnerung, an die alte Köhlerei, steht noch eine kleine Hütte, die sich Mitglieder der DRK-Bergwacht wieder recht ordentlich hergerichtet haben. Frisch gestrichen und mit einem niedrigen Zaun umgeben, ist dieses Domizil, in der kleinen Senke am Bach, ein markanter Punkt in dieser Landschaft. Sogar eine ausgemauerte Feuerstätte mit Abzug ist neben der Hütte entstanden.
Vor einiger Zeit, auf einer Wanderung zum Kammerbacher Pirschhaus, vorbei an der eindrucksvollen Naturkulisse des Zwieselsteins, führte der Weg, von unten aus dem Grund herauf, ebenfalls hier durch. Schon von weitem war das leichte Kräuseln des Rauches über dem Abzug zu erkennen. Die DRK-Jungs bereiteten soeben das Mittagessen und einer tönte laut: „Macht mal noch e bisschen Wasser an de Suppn, dorr Waldläufer kommt!" Es war so schon nur ein Wassersüppchen und nun wurde sie noch dünner. Aber wer vermag es sich vorzustellen, wie gut, nach stundenlangem bergauf bergab, über Stock und Stein, in fröhlicher

Runde eine Wassersuppe schmecken kann.
Heute ist niemand hier. Verständlich. Es ist mitten in der Woche. Zum Verweilen lädt dieses Fleckchen aber zu jeder Zeit ein und so wird erst mal, in aller Ruhe, dem Körper eine kleine Stärkung

zugeführt. Der kürzeste Weg, hinunter in den Kerngrund, wäre ja nun geradeaus durch die Böhlerdelle, aber die heftigen Regenfälle der vergangenen Tage verleiten zu einem Umweg.
Wieder bergan, auf die Höhe des Großen Münzeberg und auf der anderen Seite das ziemlich steile Mönchtal hinab, tut sich hier eine Fundgrube für den Mineraliensammler auf. Die abfließenden Wassermengen lassen erwarten, dass mit der Verschiebung des Gerölls auch wieder einige der interessanten Porphyr- oder Schneekopfkugeln freigelegt wurden.
Am häufigsten sind es Bergkristalle, die in größeren und kleineren Formen gefunden werden, aber auch Achat und Amethyst, mehr oder weniger intensiv gefärbt, sind vereinzelt darunter. Die Suche ist Mühsal und Spannung zugleich, denn nur sehr wenige Steine, in der entsprechenden Form, verbergen auch den erwarteten Fund. Und mitunter hat dann noch der Hammer das Ganze in der falschen Ebene gespalten, sodass das Prachtstück nur noch halb so schön aussieht.
Die Kraxelei, quer über das Geröllfeld, Stück für Stück hangabwärts, ist nicht nur eine Strapaze für die Glieder, es geht auch ganz schön über das Schuhwerk und so manche Blessur bekommen dabei auch die Knie ab. Schließlich doch gut unten angekommen, erfahren erst einmal Hände und Gesicht, in dem klaren Wasser des Baches, eine angenehme Erfrischung. Und auf dem Heimweg sind sein Plätschern und Rauschen eine wundersame Begleitmelodie, wobei die Kümmernisse des Alltags und der großen Welt in weite Ferne rücken.
Allmählich senkt sich die Talsohle bis auf die Fuchshüttenwiese. Hier hinten noch reichlich schmal und bewaldet, dehnt es sich bald und lässt die Sonnenstrahlen in seiner ganzen Breite einfallen. Unter der Fließbrücke stehen meistens eine oder auch zwei mittelgroße Bachforellen, die man, bei entsprechend vorsichtigem Verhalten, bei ihrem Lauern auf antreibende Nahrung, gut beobachten kann.
Über dem Tal ziehen zwei Mäusebussarde ihre Kreise und rufen ab und an ihr „hiäh“ in die Weite. Immer höher und höher lassen sie

sich, mit gebreiteten Schwingen, vom Aufwind tragen, während unten am Hang, im Schatten der Fichtenschonung, heimlich ein Jungfuchs von dannen schleicht.
Der Weg, an der linken Talseite entlang, bleibt auch im Sinne des Wortes „links liegen“, denn beschaulicher und interessanter, wenn auch nicht gerade bequem, ist es dem Lauf des Baches zu folgen. Die kleinen, ausgespülten Abstürze, die Kolke und Mäander bergen eine Fülle heimlichen Lebens. Sicher huscht ab und an eine Forelle unter die ausgespülte Uferböschung, aber auch die Mühlkoppe oder Groppe ist hier zu Hause und eine Vielfalt an Wasserinsekten, voran die Köcherfliegenlarven mit ihren kunstvollen Gehäusen.
Der Bach durchfließt einen weiten linken Bogen, in den Wiesengrund hinein, bevor er, wieder die Richtung ändert, im rechten Winkel des Tales einen erhöhten Vorsprung der Bergwand durchbricht.
Von der kleinen Erhebung, neben dem Bachdurchbruch, reicht der Ausblick bis weit in die Hinterberge, zum Roßkopf und, je nach Position des Betrachters, etwas weiter östlich davon lugt der Gipfel des Saukopf über die Wipfel.
Der Kerngrund ist eines der schönsten Täler der ganzen Umgebung. Möglich, dass mancher das nur so empfindet, weil es oft gemalt wurde. Doch es ist ganz sicher so: Es wurde in vielen Gemälden dargestellt, weil es so schön ist! Und ein bisschen Wehmut kommt schon auf, bei dem Gedanken, dass diese herrliche Landschaft, in nicht all zu ferner Zeit, so nicht mehr sein wird.
Hinten, aus der Buschgruppe an der Fließbrücke, tauchen einige Radfahrer auf. Es sind unsere vier Bekannten, die Forstarbeiter, auf dem Heimweg. Sie werden in wenigen Minuten hier drüben vorbeikommen. Also, schon mal langsam in die Richtung bewegen, für ein kleines Schwätzchen. Just in diesem Moment ertönen aus der Höhe eigenartige, undefinierbare Laute, begleitet von dem Geräusch heftiger Flügelschläge. Ein Bussard streicht, eine schwere Ringeltaube mit beiden Fangen fest im Griff, über der Fichtenschonung ab. Weiter oben, vom Rand des Hochwaldes, strebt ein Hühnerhabicht mit kräftigen Schwingen auf das ungleiche

Paar zu. Nur wenige Momente ist der Blick abgewandt, denn die Radfahrergruppe kommt soeben an, aber da ist wohl schon dieser Kampf entschieden. Der Habicht fliegt mit der Taube davon und der Mäusebussard ist nicht mehr zu sehen. Was in Sekunden des Abwendens geschah, hatten die Holzhauer jedoch im Blick und so fiel dann, während der Unterhaltung, von Heinz die Bemerkung: „Der eine große iss irchendwo da drühm abgeschtürzt.“
Zusammen machen wir uns auf, „drühm“ nach zu suchen. Zwischen den Fichtenschößlingen, im Schlaggras, liegt der Bussard. Schräg, die Schwingen halbgebreitet, leblos. Äußerlich ist keine Verletzung zu erkennen.
Ist der große Vogel auch besiegt, verloren soll er so nicht sein. In Gotha gibt es einen alten Herrn, er war am Naturkundemuseum Präparator, ein Meister seines Faches. Er wird sich seiner annehmen und ihn eindrucksvoll darstellen.

Über vier Jahrzehnte sind seitdem vergangen. Der Stausee der Ohratalsperre ist längst gewohnter Alltag und das Landschaftsbild ist auch in seiner neuen Form beeindruckend schön. Der Bussard breitet aber immer noch seine Schwingen über einem Gemälde der herrlichen Landschaft des Kerngrundes.

Hans

Weit oben am Kienberg, über dem oberen Hangweg, ist vor längerer Zeit einmal Porphyr gebrochen worden. Zahlreiche Reststücke, in allen Größen, am Weg und in der Ausbuchtung des ehemaligen Steinbruchs, zeugen noch davon und gelegentlich wurden diese von den Anwohnern für den Eigenbedarf geborgen. Mühevoll und aufwändig, aber mit jugendlichem Elan, konnte ich als Schuljunge meinen Onkel bei solchem Tun „tatkräftig“ unterstützen. Mit einem eigens dafür gefertigten schweren Handwagen, der schon ohne Ladung eher dem Arbeitsgerät für ein Kleinpferd glich, zogen wir so manche Tage auf die Höhe, um Fuhren großer Brocken

für die Stützmauer an der Hofeinfahrt und Einfassungen für die Gartenanlagen zu transportieren. Selbst solcherlei Unternehmungen, bargen nicht selten interessante Entdeckungen. So fand sich auch eines Tages, eingebettet zwischen das sonnengewärmte Gestein, das Gelege einer Ringelnatter. Verständlich, dass dieses Umfeld in seinem Zustand belassen wurde.
Das größere und weithin sichtbare Zeugnis, dieses einstigen Gewerkes, war die breite Steinritsche, aber den ganzen Hang, bis hinab zum unteren Weg. Nur mühsam hat die Natur, im Lauf der Zeit, hier wieder Fuß gefasst. Anflugfichten und belaubtes Buschwerk schieben ihre Wurzeln durch das Gestein, um darunter Nährstoffe und Halt zu finden.
Am Fuß dieses Areals, am Rand des schmalen Tales, zwischen Fluss und Berg, befindet sich eine Maschinenfabrik. Ursprünglich wurden hier Geräte und Werkzeuge für den Fleischereibedarf hergestellt, aber nach dem Krieg änderten sich nicht nur die Besitzverhältnisse, auch das Fertigungsprofil erhielt ganz andere Züge. Hebemaschinen, von der kleinsten Seilwinde bis zum großen Brückenkran, werden nun produziert.
Außer Ortsansässigen, kommen auch aus der Umgebung etliche Anwohner in dieses Werk zur Arbeit. Und eines Tages gesellt sich, ganz untypisch für eine so große und geräuschvolle Einrichtung, ein weiteres Mitglied zu dem Kreis der Belegschaft. Ein Hirschkalb hat sich in das Gelände verirrt. Keiner weis so recht wie und wo dieser kleine Kerl hereingekommen ist. Er ist ganz einfach da. Tut auch nicht all zu fremd, eher noch etwas schüchtern. Seinen Namen bekommt er gleich am ersten Tag. Liebevolle Hände, mitunter viel zu viele, kümmern sich um ihn und nach kurzer Zeit ist er schon der Flasche entwöhnt. Es sind auch gar zu leckere Sachen zum Kauen, die viele von zu Hause mitbringen.
Hans, oder auch Hänschen, wie ihn mancher noch in diesem Alter nennt, tauscht allmählich seine weißgefleckte Zeichnung gegen eine glatte rotbraune Decke und wächst zu einem stolzen „Jüngling“ heran, der nun mittlerweile nicht nur alle Belegschaftsmitglieder

persönlich kennt, sondern auch selbst bei allen Einwohnern des Ortes bekannt ist.
Die Freiflächen des Betriebsgeländes sind nicht ausschließlich mit großen Eisenträgern, Blechen und anderem Rohmaterial voll gepackt. Es finden sich auch ruhige und beschauliche Winkel, mit Bäumen und Büschen bewachsener Rasen und dem sauberen Wasser des Mühlgrabens. Das sind die Refugien, wohin sich der inoffizielle, vierbeinige „Betriebsangehörige“ in den arbeitsfreien Zeiten zurückzieht. Aber sobald am Morgen die ersten zur Tagesschicht erscheinen, steht er zur Begrüßung mit dem Wachmann gemeinsam am Tor
Ein schöner Spätherbst geht allmählich, mit tristem Nebel und feuchter Kühle, in die bevorstehende kalte Jahreszeit über. Ein überdachtes Strohlager ist vorbereitet und so mancher Mitarbeiter, sogar aus den Nachbarorten, spendiert, auf den Gepäckträger des Fahrrades geschnallt, ab und an einen Sack Heu. Kraftfutter steht in reicher Auswahl aus der Küche der Werkskantine zur Verfügung und so kommt Hänschen wohlgenährt durch den ersten Winter seines Daseins.
Die Sonne steigt allmählich wieder höher, die Tage werden länger und bei unserem Jährling sprießt die erste männliche Hauptzierde: Zwei kräftige Spieße. Nachdem diese Stangen ausgehärtet sind und der Bast sich löst, fehlen ihm die üblichen Nadelgehölze zum Fegen. So nimmt er alles an, was sich ihm gerade bietet und im Weg herumsteht.
Mehr und mehr ist er hier heimisch. Wahrscheinlich fühlt er sich als Kollege unter Kollegen und an den Wochenenden und Feiertagen sicher auch recht einsam. Wie ist es anders zu erklären, dass er genau die Stellen mit der meisten Betriebsamkeit aufsucht. Richten die Monteure auf dem Hof die großen Bleche, wird mit den Fahrzeugen Material transportiert oder gar mit dem Presslufthammer genietet, überall ist er zur Stelle.
Natürlich zieht sich Hans auch zeitweilig an beschaulichere Stellen zurück, um ein wenig zu dösen. Wer tut das nicht, ab und an?

Doch die Nähe von Menschen ist ihm sehr wichtig. Sie sind sein Rudel. Jeder, der ihm auf dem Hof begegnet, wird begrüßt und trifft er draußen keinen, geht er auch schon mal in die Werkstätten und Hallen. Hier wird er dann, ganz freundschaftlich, wieder hinaus geleitet. Zu seiner eigenen Sicherheit.
So vergehen Woche um Woche, Monat um Monat, im Wechsel der Jahreszeiten und schon hat der nächste Winter Einzug gehalten. Die Feiertage sind vorüber und die Tage werden allmählich wieder länger. Eines Tages steht Hans ganz verdutzt, eine Stange hängt ihm über die Lichter, und bald ist er barhäuptig. Der Kreislauf des Hirschjahres beginnt von neuem.
Der „Jüngling auf vier Läufen" entwickelt sich zu einem ungeraden Achtender, der allen Passanten stolz seine „samtene" Krone präsentiert. Wie schmuck das Geweih in dem dunklen Bast auch erscheinen mag, seine wahre Schönheit erreicht es erst, nachdem es gefegt und ausgefärbt ist und dabei auch die kräftigen Rosen voll zur Geltung kommen.
Es naht die Zeit der Brunft. Auch Hans kann sich nicht der bis dahin unbekannten Gefühle erwehren. Eigenartig, wie einen das so verwirren kann!? Jeden, der ihm gerade begegnet, fordert er auf, ein bisschen mitzutun. Mit gesenktem Haupt kommt er angetänzelt und es bleibt dem „Gegner" nichts anderes übrig, als auch sein Geweih, nämlich die Arme, einzusetzen, ihn bei den Stangen zu packen und ein bisschen mit zu kampeln. Das alles verläuft in einer gutmütigen Spielerei, ohne irgendwelche Schrammen oder gar Verletzungen. Bei weitem nicht so bösartig, wie das vom Rehwild bekannt ist. Ein „zahmer" Rehbock kann in der „Liebestollenzeit" zu einer ernsten Gefahr werden.
Auch diese Zeit geht vorüber. Die Tage verlaufen wieder normal und Hans ist ganz der Alte. Längst ist der „Betriebshirsch" ein fester Begriff im Ablauf des Alltags. Eine gewohnte Erscheinung, die gar nicht mehr wegzudenken ist. Der Inbegriff absoluter Harmonie. Keinem kommt wohl der Gedanke, dass sich das je ändern könnte.

Doch es kam der Tag. Die Arbeit beginnt am Morgen, in gewohnter Weise und keinem fällt zunächst auf, dass da einer fehlt. Allmählich, hin zur Frühstückspause, fragt dann der und jener schon mal nach dem Hans. Nun fällt es allen auf. Hans ist gar nicht da. Auch intensive Nachsuche, in allen Ecken und Winkeln, verläuft ergebnislos. Es steht fest: Er ist fort! Aber wie und wo und auch warum, bleibt rätselhaft.
Möglich, dass es ihm zu einsam und zu langweilig wurde. Es fehlte ihm sein „Rudel“. Auch möglich, dass er dem Lockruf des nahen Waldes folgte. Dort wurde er geboren, es ist seine Heimat.
Kreuz und quer durchstreift er die Natur und entfernt sich mehr und mehr von seiner Pflegestatt. Sehr wahrscheinlich, dass er dabei auf Artgenossen trifft, diese ihn aber nicht annehmen oder er gar selbst überhaupt nicht deren Nähe sucht. So zieht er immer weiter und weiter, in südöstlicher Richtung, über den Kienberg, den Querberg und den Eisenberg, aber sein Rudel findet er nicht.
Eines Tages, wie froh muss er sein, trifft er wieder auf Zweibeiner. Aber es ist keine Ortschaft aus der nächsten Umgebung, wo man ihn kennt. Er ist zu weit von zu Hause weg. So zieht er durch die Straßen, auf der Suche nach Bekannten. Aber Hans wird deutlich missverstanden. Wie verwirrend und elend muss es ihm sein? Das Gespenst der Tollwut geistert gar zu sehr durch die Köpfe der Menschen. Sie haben beim Anblick eines zutraulichen Wildtieres und diese Beziehung ist hier recht außerordentlich geprägt, nur einen einzigen Einfall: Ruft einen Jäger!
Über die kurze Zeitspanne des nächsten Geschehens wird sich der Mantel des Vergessens breiten. Nur ein Funke zum Nachdenken sollte schon davon erhalten bleiben.
Nach Vollendung tritt einer zu der Gruppe, der, sicher etwas weiter in der Gegend herumgekommen, mit seiner Frage wohl recht betroffen macht: „Ist das nicht der HEMA-Hirsch?“ Ja - das war er.

Im Neuschnee

Neben den Kurz- und auch längeren Besuchen, das ganze Jahr hindurch, ist es Brauch, das Wochenende um den Totensonntag in der alten Heimat zu verbringen. So es der Dienstplan und das Wetter zulassen. Am Dienstplan lässt sich mitunter etwas drehen, am Wetter geht das gar nicht.
Das Wetter ist, für diese Jahreszeit, sogar schön. Ab und an lugt die Sonne durch die Wolken und geregnet hat es seit Tagen nicht. Gleich nach dem Frühstück ist Aufbruch. Noch bevor der gute alte IFA - F 8 die Autobahnauffahrt erreicht hat, ist unser Kleiner, wie meistens auf solcher Reise, wohlig in die Kissen gekuschelt, auf der Rückbank eingeschlafen, um dann, so zwischen Erfurt und Arnstadt, mit der Frage wieder aufzutauchen: „Sind wir schon an den Burgen?“
Voraus liegen die „Drei Gleichen“ im morgendlichen Sonnenschein und schon bald danach zeigen sich in der Ferne die Erhebungen des westlichen Thüringer Waldes. Nach der Abfahrt Gotha-Suhl grüßen, aus südlicher Richtung, der Kienberg und der Steinige Berg beiderseits des Ohratales.
Die Familie will eine Woche bei den Eltern verbringen, nur Papa muss am Montag wieder nach Hause. Die Pflicht ruft. Doch der Sonntagnachmittag bleibt einem ausgedehnten Streifzug, durch die altvertrauten Wälder, vorbehalten.
Das Sonntagswetter zeigt sich leider nicht ganz so freundlich, wie auf der gestrigen Anreise. Nebel liegt über den Wäldern und das Thermometer hat Mühe seine Säule über Null zu halten. Nun ja, es ist kein Sommer mehr. Sicher senkt sich heute die Abenddämmerung noch zeitiger ins Tal als gewöhnlich.
Um die restlichen Tagesstunden zu nutzen, geht es gleich nach dem Mittagstisch, mit geschulterter Kamera, umgehängtem Fernglas und dem Versprechen, nicht zu lange auszubleiben, in Richtung alte Straße. Der Nebel hat sich gelichtet, aber der Wind hat gedreht und es weht recht frisch um die Ohren. Die Kamera ist wohl auch

mehr aus Tradition dabei, als das heute ausgesprochen fotogene Ereignisse zu erwarten wären.
Bald liegen die Häuser des Ortes schon weit zurück im Tal. Hier oben ist die Luft rein und klar und weit reicht der Blick durch die Täler und über die Höhen. Nach Durchstreifen des Mardertales geht es anschließend, vorbei an der Wegscheide, in weitem Bogen zum Herrenweg.
So manche Erinnerung keimt hier wieder auf. Nicht nur, dass zu gegebener Zeit die herrlichsten Steinpilze und Maronen und, an ganz verborgenen Stellen, Mengen von Pfifferlingen zu finden sind. Auch Begegnungen mit der heimischen Tierwelt, die in ihrer Form sicher einmalig und unwiederholbar sind, gehören zu diesem beeindruckenden Landschaftsbild.
Es ist gut drei Jahre her. Die Heidelbeersträucher standen gerade im frischen Grün. Genau wie heute, führte der Weg, nach Queren der Kammstraße, durch den alten Fichtenbestand. Als sich, knapp fünf bis sechs Schritte voraus, in einer kleinen Bodensenke, zwischen den Beerensträuchern, ein kinderfaustgroßes, undefinierbares bräunliches Knäuel zeigte.
So etwas beäugt man zunächst in aller Ruhe aus der Ferne, aber auch die eingehende Betrachtung mit dem Glas brachte, zumindest im ersten Augenblick, keinen Aufschluss. Mit einem Mal kam, ob durch eine unbedachte Bewegung mit dem Glas oder was auch immer, Leben in die Kugel, und vier winzige Küken der Waldschnepfe strebten nach allen Himmelsrichtungen in einen Unterschlupf. Draußen, an der Waldkante, strich in Mannshöhe der Altvogel vorüber. Ein beeindruckendes Bild, das man hier nur selten zu Gesicht bekommt. Dezent, in großem Bogen, wurde der Rückzug angetreten, um das Familienidyll nicht mehr als unvermeidbar zu stören.
Über den Bildern der Erinnerung, im dichten Hochwald noch gänzlich unbemerkt, hat es, ganz sachte, zu schneien begonnen. Draußen der Schlag ist schon mit einem weißen Flaum bedeckt und der Schnee rieselt weiter und weiter. In den hohen Schnürschuhen

und dem langen Lodenmantel, mit aufgeschlagenem Kragen, fühlt man sich bei solcher Wetterüberraschung recht gut geborgen.
Bis hinüber zur Schonung ist es ein ziemliches Stück Weg. Die Kamera hat mittlerweile ihre Position unter den Mantel gewechselt, denn mit Fotografieren wird es wohl nichts mehr. Die Flocken werden größer und größer und der Schneefall nimmt an Dichte merklich zu. Rundum, so weit das Auge reicht, liegt die Landschaft schon in dickem Weiß.
Wohlig geht es sich durch den watteweichen Neuschnee. Wildfährten sind weit und breit keine auszumachen, denn sollte wirklich eine, hin und wieder, den Weg kreuzen, ist sie gleich wieder zugedeckt. Die Tour wird auch um etliches kürzer als geplant. Weitaus früher, als eh schon erwartet, beginnt die Abenddämmerung und noch bevor der Turmberg erreicht ist, senkt sich nächtliches Dunkel über die Landschaft.
Wie auf einer Weihnachtspostkarte erscheint der tief verschneite Ort im Tal. Die Lichter aus den Fenstern, der sicher wohligwarmen Stuben, lassen den Schnee glitzern und die tanzenden Flocken, in den diffusen Kegeln der spärlichen Straßenbeleuchtung, wecken Erinnerungen an längst vergangene Kindheitstage.
Vater hatte, in der schweren Zeit nach den zwanziger Jahren, eine Anstellung in der Stadt gefunden. Der Sprössling der Familie war gerade so in dem Alter wie unser Kleiner jetzt. Vieles der Geschichte wiederholt sich - nur, ein Auto konnten sich damals die Wenigsten leisten. Aber die Großmutter wurde auch schon bei jeder nur möglichen Gelegenheit besucht und Weihnachten natürlich sowieso.
Schon die Vorfreude war ein Ereignis für sich. Dann der lange Weg, durch die verschneite Stadt, zum Bahnhof. Vater mit dem Familienkoffer auf der Schulter, denn Taxi war damals noch ein Fremdwort.
Aus leichtverständlichen Gründen wurde bevorzugt, falls passend im Fahrplan, mit dem beschleunigten Personenzug, zumindest auf dem ersten Teil der Strecke, bis Weimar oder Erfurt, gefahren. Der

kostete keinen extra Zuschlag und hielt dennoch nicht an jedem Haltepunkt oder kleineren Bahnhof.
Das „Reisefieber“ erreichte dann meistens seinen Höhepunkt auf dem letzten Umsteigebahnhof. In Gotha, auf dem Außenbahnsteig, stand die Nebenbahn, mit den hier typischen Perronwagen und der dampfenden Tenderlokomotive, in Richtung Gräfenroda. Draußen war es mittlerweile dunkel und die große Halbkugel der Gaslaterne, an der Decke des Wagenabteils, verbreitete eine anheimelnde Dämmerbeleuchtung. Die gemütliche Atmosphäre wurde durch das Stimmengewirr gedämpfter Unterhaltung, das leichte Rütteln der rollenden Wagen und das Klacken der Schienenstöße unter den Rädern noch unterstrichen. Dazu lag über alldem ein Geruchgemisch aus feuchter Kleidung und Tabakrauch, was aber keineswegs als unangenehm in der Erinnerung haftet, im Gegenteil, es war das Erkennungsmerkmal für den Zug zur Großmutter.
Nachdem die Bahn schon eine ganze Weile durch die Nacht gezuckelt war, kam endlich der vorletzte Zwischenhalt in der kleinen Stadt Ohrdruf. Auf dem Nachbargleis verließ der Gegenzug den Bahnhof und die Spannung erreichte ihren Höhepunkt. Nun waren es nur noch wenige Kilometer, bis die Räder über die Einfahrweiche des Reisezieles rumpelten und die Bremsen quietschend den Zug zum Stehen brachten.
Der Bahnsteig lag in winterlichem Weiß, in der Mitte waren Berge von Schnee zusammen geschoben und durch die Lichtkegel der Bahnsteigbeleuchtung rieselten leise die Schneeflocken. Der Zugschaffner rief laut und lang gezogen den Stationsnamen, in der Mundart der Region, das „a“ nicht aus der Kehle, sondern im Mund mehr zum „o“geformt, „Luiiisenthaaal!“ Es war eine Melodie für den kleinen Knirps, so schön, dass es heute noch nachklingt.
An der Bahnsteigsperre stand Großmutter Elsa mit dem Schlitten, um den großen Koffer und den kleinen Enkelsohn nach Hause zu ziehen. Schon beim Betreten des Hauses war der Duft des Abendessens, dem gleichzeitig fast traditionellen Begrüßungsessen, wahrzunehmen - es gab Klößchensuppe. Keiner vermag sie scheinbar je wieder so gut zu kochen.

Vieles ist im Lauf der Zeit nur verschwommen erhalten geblieben. Jener stimmungsvolle, tief verschneite Weihnachtsurlaub ist plastische Erinnerung, Gegenwart wie der im Abendfrieden vorweihnachtlich erscheinende Ort. Klößchensuppe muss es nicht immer sein, eine Tasse guter heißer Kaffee tut es jetzt auch, denn mittlerweile ist die Kälte durch den Lodenmantel gekrochen. Hier draußen wird es langsam ungemütlich.
Der Schnee rieselt weiter und weiter. Rundum tiefster Winter. Wie wird sich wohl morgen die Heimfahrt über die Autobahn gestalten?

Begegnung einer großen Leidenschaft

Meistens wird der Jahresurlaub im Thüringer Wald verbracht. Aus verständlichen Gründen. Zum einen ist es eine Landschaft, wie man sie sich ruhiger und erholsamer kaum wünschen kann, und zum anderen, für eine junge Familie, mit nicht eben sehr üppigem Einkommen, äußerst kostengünstig, bei den Schwiegereltern.
So viel Spaß es den Jungs Harald und Thomas auch macht, hin und wieder bei Oma und Opa zu sein und mit ihrem Vater durch Wiesengründe und über bewaldete Berge zu streifen, um Fauna und Flora zu erkunden. Sollen sie schließlich auch mal etwas mehr von der großen weiten Welt erfahren. Viel kann es ohnehin nicht sein, aber wenigstens die schönen Sandstrände der Ostsee kennen lernen. Mit weitem Blick über das Meer den dahin gleitenden Möwen zusehen und dem Rauschen der Wellen lauschen und viel, viel Badespaß haben.
Der Zufall will's, dass ein FDGB-Ferienplatz, für alle vier, im Angebot ist, der so ganz am Anfang der großen Schulferien liegt. Noch ein bisschen sehr „knapp" am Unterricht und somit stehen nur wenige Bewerber an. Der Kleine geht ohnehin noch nicht zur Schule und beim Großen kriegen wir es auch hin. Und da wir bisher noch nie solcherlei Leistungen beansprucht haben, geht es diesmal tatsächlich weit oben, im Norden der Republik, in den Urlaub.

Der Darß ist das Reiseziel des Trabanten. Voll gepackt bis obenhin. Ohne die geringste Seeurlaubserfahrung, sollten es lieber ein paar Sachen zuviel sein, als zuwenig. Im Kofferraum ist jede Ecke ausgefüllt und auf dem Dachgepäckträger ist zusätzlich ein Koffer verzurrt. Erstaunlich, was sich dieses bescheidene Fahrzeug alles aufbürden lässt und auch bewältigt, ohne zu mucken und zu murren. Ein Renner ist es wahrlich nicht, aber ein gutmütiges und williges „Arbeitspferdchen", mit gar nicht all zu vielen Pferdestärken.
Mit einigen Pausen, zum Verschnaufen für das kleine Auto und zum Gliederrecken für die großen Insassen, ist dann irgendwann das so ungewohnt ferne Ostseebad Zingst erreicht. Ein geräumiges Zimmer, in einem ruhig gelegenen Häuschen, ist unser Domizil für die nächsten zwei Wochen und in einem gemütlichen Lokal, gleich um die Ecke, wird für das leibliche Wohl der Urlaubsgäste gesorgt.
Sogar einen Strandkorb haben wir allein für uns, und - beinahe - auch den ganzen Strand. Nur wenige Sonnenhungrige sind hier, denn es ist nicht viel mit Sonne. In der Luft sieht es mehr nach gebeutelten Möwen aus, als nach gleitenden, und das erwartete Rauschen des Meeres hört sich eher an wie brausen. Der Strandkorb kehrt der See den Rücken zu, weil auch der „Badespaß" ganz anders ist, als zu Hause vorgestellt. Über Island tobt ein Orkantief, das mit seinen Ausläufern ausgerechnet bis zu uns hoffnungsvollen Ostseeurlaubern langt.
Auf das Baden, im „Großen Teich", haben wir uns gefreut, also tun wir's auch. Mutti hält sich gleich von vornherein in der Geborgenheit des Strandkorbs auf und sieht ihren drei Jungs nur zu, wie sie Hand in Hand ins Wasser sausen. Ein bisschen herumtoben, mal abtauchen und der Kleinste saust als erster wieder raus aus dem kalten Element und rein in die warmen Sachen. So wird daraus nicht viel, denn der Wind pfeift ganz merklich um den Korb herum.
Um dem unfreundlichen Wetter wenigstens ein bisschen Aufenthalt am Strand abzutrotzen, wird umgehend ein „Windzaun" gekauft. Nun sind wir gewappnet, gegen solcherlei Unbill. Denken wir. Fest

sind die vier bespannten Stäbe eingeschlagen und das Tuch reicht bis in den Sand. Aber kaum ist das Werk vollendet, sieht es aus, als buddelt sich eifrig eine Dackelmeute unter dem Zaun hindurch und das Ganze beginnt binnen kurzem zu wanken. Trotz guten Willens und bester Vorsätze, wird es so auch nichts, mit der erhofften Baderei. Wie gut war es, reichlich warme Kleidung einzupacken.
Land und Leuten wenden wir uns zu, solange der Sturm das ungetrübte Baden verwehrt, unternehmen Museumsbesuche und Stadtbesichtigungen, weite Ausflüge und Wanderungen. Selbst ein Spaziergang, durch den Wald des Darß, wäre wohl recht verdrießlich, ohne Kopftuch oder Wollmütze. Und gar eine Besichtigung der Mole, vor dem Hafen in Warnemünde, ist nicht ohne sportlichen Einsatz zu absolvieren, denn mächtig peitschen die hohen Wogen ihre breiten Gischtkämme über die Mauer.
Hinter den Dünen, im Schutz von Bäumen und Häusern, ist es weitaus angenehmer und schon im Bodden ist das Wasser merklich ruhiger als draußen die See. Bei der Bootsanlegestelle hält sich sogar ein Angler auf, dessen Tun unser Kleiner, ohne sonderlich bemerkbare Reaktionen, interessiert beobachtet. Dieser Eindruck wandelt sich jedoch bei einem Vormittagsbummel durch den Ort.
Hätten wir eine andere Richtung gewählt, oder nur die Straßenseite gewechselt, und der Tag wäre wohl ein bisschen ruhiger verlaufen. In einem Schaufenster, mit den verschiedensten Auslagen, lehnt in einer Ecke, gar nicht allzu vordergründig, eine komplette Angelrute.
Da ist‘s natürlich passiert: „Die Angel will ich ham!“
Nun sind aber Mittel, für so teures Gerät, in einem schmalen Urlaubsetat nicht vorgesehen, zumal es, nach aller Wahrscheinlichkeit, in wenigen Tagen kaum mehr Verwendung findet. War ja die Anschaffung des Windschirmes schon so ein Flop. Aber dafür bringt wohl ein kleiner Junge, der einem Wunschobjekt so greifbar nahe ist, nur schwer das rechte Verständnis auf.
Mit ernster Miene und rücklings gefassten Händen stolziert er verbissen, nicht rechts noch links schauend, seiner Familie voraus.

Nicht der freundlichsten Worte zugänglich. Noch am Mittagstisch würdigt er die so ruchlosen Spaßverderber keines Blickes. Das Gemüt hellt sich, zwar noch etwas skeptisch, erst wieder auf, nachdem ihm Vati fest verspricht, eine Angelrute zu bauen.
Eine reichlich lange und einigermaßen gerade Rute von einem Haselnussstrauch wird, um zumindest äußerlich etwas her zu machen, bis auf das Griffstück, sauber entrindet. Haken, Schwimmer und Schnur lassen sich in besagtem Laden beschaffen. Sieht dann auch das Ganze eher einem derben Knüppel als einer geschmeidigen Angelrute ähnlich, unser Kleiner akzeptiert es freudestrahlend.
Ausgerüstet mit Eimerchen und Schaufel, geht er mit seinem großen Bruder auf Würmersuche. Dieses Unternehmen gestaltet sich schwieriger als gedacht, denn in dem allgegenwärtigen Sandboden lässt sich nicht der kleinste Wurm finden. Ein gemeinsames Bemühen fördert dann doch, nach dem Wenden eines großen Steines, einen bescheidenen Fund zutage.
Nun will er‘s wissen. Eiligen Schrittes geht es, mit geschulterter Angelrute, zur Bootsanlegestelle. Jegliche Hilfeleistungen werden strikt abgelehnt. Sogar das Beködern des Hakens besorgt er, wenn auch nicht gleich absolut fachgerecht, unbedingt eigenhändig. Und in gespannter Erwartung wird kein Blick von dem leicht auf den Wellen tanzenden Schwimmer gewendet. Es ist wirklich nur ein tanzen obenauf, denn so etwas wie beschweren oder gar austarieren kommt keinem in den Sinn. Woher auch? Umso erstaunlicher, dass sich tatsächlich Anbisse bemerkbar machen.
Freudestrahlend landet der kleine Angler seinen ersten selbst gefangenen Fisch. So winzig dieser auch ist, für den stolzen Fischer ist es ein großer Erfolg und ein Urlaubserlebnis ganz besonderer Art. So manche Stunde verbringen wir hier noch die nächsten Tage. Schauen entspannt über das weite Land und füttern die Möwen und unser Kleiner angelt eifrig unentwegt.
Trotz verdrießlichen Wetters, ist es ein interessanter und erholsamer Urlaub geworden. Nur eben, wie so oft, viel zu kurz. Der Achtmillimeterfilm bringt die schönen Tage gelegentlich in leben-

dige Erinnerung, aber der Alltag fordert neue Aufmerksamkeiten. Die Gedanken sind auf die zu erwartende große Zuckertüte und die noch so unbekannt bevorstehende Schulzeit ausgerichtet, aber die Stunden am Bodden waren wohl schon ganz sicher die erste Begegnung einer großen Leidenschaft.

Im Schwimmbach

Der Aufenthalt in der alten Heimat, ist auch mit manchem Besuch in den Nachbarorten verbunden, um die verwandtschaftlichen Beziehungen zu pflegen und persönliche Kontakte zu erhalten. Diese haben sich seit einigen Jahren zu Onkel Werner ganz besonders ausgebildet. Haben wir doch beide ähnliche Berührungspunkte zur Natur. Er ist passionierter Jäger.
Verabredungsgemäß brechen wir, am zeitigen Samstagnachmittag, zu einem großen Rundgang durch das hügelige Revier auf. Selbstverständlich kommt auch sein treuer und für manche Nachsuche unentbehrlicher Begleiter, ein Jagdterrier, mit auf die Pirsch. Wir kennen uns noch nicht, denn ich war längere Zeit nicht hier, und er gehört erst seit vergangenem Jahr zur Familie.
Sein Herrchen überlässt mir, gleich von zu Hause an, seinen vierbeinigen Jagdgefährten, zur Führung an der Leine. So ergibt sich die beste Gelegenheit, zum gegenseitigen „Beschnuppern". Er geht ordentlich bei Fuß und es scheint, als kämen wir recht gut miteinander aus. Der kleine Kerl beteiligt sich ganz still, nur durch Augenkontakt, an der Unterhaltung und von Zeit zu Zeit, deutet er sogar ein bescheidenes Schwanzwedeln an, ohne einen Laut von sich zu geben. Trotz der Quirligkeit mancher Terrier, verhält er sich wohltuend ruhig. Auch lauthalse „Grüße" anderer Vierbeiner würdigt er, mit fast stoischer Gelassenheit, kaum einer Kopfbewegung.
Vorerst geht es noch ein geraumes Wegstück, in der beschaulichen Ruhe des ländlichen Nachmittags, die breite, durch zwei Reihen schattenspendender Lindenbäume geteilte Dorfstraße hinauf. Vor-

bei an dem alten steingefassten Brunnen, von jeher nur als „der Born“ bekannt, dessen erfrischendes Wasser noch ebenso rein und munter plätschert wie schon vor einer Reihe von Jahrzehnten. Ungezählte Male führte der Weg, bei den vielen Verwandtschaftsbesuchen mit der Großmutter, an diese Stelle des fortwährend anheimelnd murmelnden Wassers, vor dem Haus, in dem auch die Urgroßmutter besucht wurde.
Es bleibt nicht viel Zeit, den Gedanken nachzuhängen, denn hin und wieder begegnet man jemandem oder es schaut einer aus einem Fenster oder über den Gartenzaun und man kommt nicht umhin, ein paar Worte miteinander zu wechseln, auch wenn es mitunter nur ein Gruß ist. Der Alltag auf dem Land verläuft nicht so anonym wie in der Stadt. Hier grüßt jeder jeden und auch wer sich nicht kennt, wechselt schon mal ein paar Worte miteinander und wenn es nur ein kurzes Gespräch über das Wetter ist. Ein solcher Umgang untereinander vermittelt ein Gefühl menschlicher Nähe, allerdings weiß auch jeder über jeden „genau“ Bescheid.
Endlich ist das letzte Haus am oberen Dorfausgang erreicht und ein schmaler Fußweg führt, von der Straße weg, bergwärts in den ausgedehnten Hochwald. Die anfänglich eingeschlagene zügige Gangart wird nun um einiges zurückgenommen, es soll keine Wanderung mit vorgegebenem Zeitlimit werden, sondern ein geruhsamer Pirschgang durch das abwechslungsreiche Revier. Das heimliche Zirpen, Piepsen und muntere Zwitschern, der artenreichen Vogelwelt, ist die Begleitmelodie durch den schattigen Wald.
Kurz vor dem Steigerhaus geht es dann, in westlicher Richtung, weiter durch den Nadelholzbestand, mit reichlichem Unterwuchs, sodass hier, zumindest im Sommerhalbjahr, das Wild gute Äsung und Deckung findet. Im vergangenen Winter hat das Rotwild allerdings an den Fichtenstämmen, auf der Bergseite, arge Verbissschäden hinterlassen.
Schräg voraus, im dichten Geäst einer starken Fichte, sitzt, eng an den Stamm geschmiegt, eine Waldohreule. Einige Male knabbt sie, fast unhörbar, mit dem Schnabel, senkt einmal kurz die Augenlider,

um dann weiter, wie versteinert und mit dem Baum verwachsen, zu verharren.
Bevor die Biegung der Berglehne erreicht ist, öffnet sich, hier oben vom Hang, ein weiter Ausblick, hinaus in die hügelige Ebene. Zwischen den kleinen Ortschaften prägen grüne Wiesen und kleine

Äcker, in ihren verschiedenen Fruchtfarben, das Bild dieser Landschaft. Auf einem staubigen Feldweg arbeitet sich ein einsames Pferdefuhrwerk voran und die Geräusche des nur mäßigen Autoverkehrs, auf der schmalen Ortsverbindungsstraße, dringen gar nicht bis hier herauf. Und über alldem liegt der goldene Schimmer dieses sonnigen Spätnachmittags.
Nach dem Durchstreifen eines Jungwuchsbestandes, neigt sich der Weg, ganz allmählich, in eine hügelige Senke hinein. Auf einem ausgedehnten Kahlschlag wetteifern Roter Fingerhut und Waldweidenröschen um die größten Flächen und die prächtigsten Farben. Und mittendrin, beiderseits des Weges, ein riesiges Gestrüpp aus Sträuchern der Waldhimbeere. Hierher wird ganz sicher, zur entsprechenden Zeit, auch ein Familienausflug führen.
Weit drüben, am schattigen Saum des Hochwaldes, tritt ein Sprung Rehwild aus und zieht äsend geruhsam hangaufwärts. Auch wir finden ein gemütliches Plätzchen, für eine kurze Rast und holen unsere mitgeführte „Äsung" aus den Rucksäcken, denn die Wanderung hat auch ziemlich durstig gemacht. Das bescheidene Brot teile ich mit meinem kleinen Begleiter, der schon die ganze Zeit so wacker neben mir ausgehalten hat und nun, wie selbstverständlich, brav neben mir liegt und die gereichten Happen aus der Hand nimmt.
Nunmehr wird es Zeit, die Schritte wieder in Richtung Dorf zu lenken. Die Schatten sind schon recht lang. Heimwärts geht es durch den Wiesengrund des „Schwimmbach". Werner nennt es so. Warum, lässt sich nicht erkennen. Rundum ist nicht das kleinste Wässerchen zu sehen. Allerdings habe ich auch nicht weiter nachgeforscht. Jedenfalls ist es eine recht beeindruckende Landschaft. Längs des Waldrandes dehnt sich eine weite Wiesensenke, die zu den Feldern hin leicht ansteigt und dem Schalenwild sicher reichlich Äsung und dem Waidmann des Öfteren guten Anblick bietet. Hier offenbart sich aber auch, zum Leidwesen der Landwirtschaft betreibenden, die Untugend des Schwarzwildes. Eine ganze Rotte ist in die Äcker eingefallen und hat sich an den Samen und Früchten gütlich

getan. Da bleibt nichts weiter als sich gleich am nächsten Morgen auf die ungebetenen Gäste anzusetzen. „Wenn du willst, kannst du mitkommen", sagt er zu mir. Und ob ich will! „Um drei musst du aber da sein."
So wollen wir nicht mehr all zu viel Zeit vertrödeln, denn die Nacht wird kurz. Auf dem Hof angekommen, versorgt das Herrchen seinen vierbeinigen Jagdgefährten, während dessen ich kurz ins Haus gehe, um mich von seiner Familie zu verabschieden. Nun will ich auch noch zu dem kleinen Kerl schnell tschüs sagen. Ei-jei-jei-jei! Nur ein paar Schritte darauf zu und in dem Zwinger tobt auf einmal ein kleiner Teufel. Er tut so, als hätte ich ihm Vater und Mutter beschimpft und nun wolle er mich dafür fressen. Da könnten einem wirklich Zweifel an sich selbst kommen, wenn nicht schon ähnliche Geschichten, über Hunde „hinterm Zaun", beschrieben worden waren.
Zu Hause ruft zwar das nächtliche Vorhaben nicht die gleiche Begeisterung hervor, aber solche Unternehmungen sind ja nicht all zu oft und außerdem ist Urlaub. Zeitig geht es in die Federn. An ruhigen Schlaf ist allerdings nicht zu denken. Eine ganze Weile geistern die Ereignisse des Tages noch durch die Gedanken und zwischen kurzen Schlafphasen immer wieder der Blick zur Uhr, damit ja nicht das Wecken, zur rechten Zeit, verpasst wird. Eine neuerliche Kontrolle zeigt, dass die Uhr plötzlich viel zu schnell gegangen sein muss: Es ist bereits halb drei vorbei! Oh je. Ein Glück, dass der Rucksack mit Fernglas, Fotoausrüstung, Frühstück und dem guten alten Lodenmantel gepackt ist. Kurze Katzenwäsche - und los.
Die ersten zwei Drittel der Strecke, auf Ohrdruf zu, geht es ganz flott voran. Aber der letzte Abschnitt hat es in sich. Nach Querung der Bahnlinie, auf dem arg zerlöcherten Fahrweg, ist es schon bei Tage eine gehörige Strapaze und sicher hätte der Umweg, über Ohrdruf, auch nicht mehr Zeit beansprucht. Endlich tauchen die ersten Häuser von Gräfenhain aus der Nacht und ungeduldig werde ich bereits am Hoftor erwartet.

Stockdunkel ist es noch, hinter dem Dorf. Vorsichtig, jedes Geräusch vermeidend, erreichen wir schließlich die Waldkante und richten uns, an der leichten Böschung, auf einen längeren Ansitz ein. Wenn dann allmählich die Dunkelheit weicht, wird, so hoffen wir, nach beiden Seiten ungefähr gleichweite Sicht sein und nach vorn zeichnet sich, ganz schemenhaft, die Hügelkuppe gegen den noch dunklen Nachthimmel ab.
Nun heißt es warten und lauschen, hinein in die nächtliche Stille des Waldes. Auch der geringste Laut gewinnt in solcher Umgebung an Bedeutung und wird einem Ereignis zugeordnet. Bereits das leiseste Knacken, kann die Bewegung eines Stück Wildes melden. Aber das erhoffte Geräusch, durch ziehendes Schwarzwild verursacht, lässt sich bisher, auch bei schärfster Anspannung aller Sinne, nicht vernehmen. Und das Absuchen des Geländes, durch das nicht allzu lichtstarke Acht-mal-dreißig, ist um diese Zeit noch wie der Blick in einen dunklen Tunnel.
Immer und immer wieder der Versuch, mit dem Glas, die Dunkelheit zu durchdringen. Mit einem Mal, aufgereiht wie von Geisterhand, erscheinen am Horizont, auf der Kuppe zu den Feldern hin, fünf Silhouetten. Es ist Schwarzwild. Sicher waren sie schon die Nacht über draußen und ziehen bald wieder zu Holze. Aber wann und wo werden sie das Tal queren? Bei der momentanen Sicht ist, von hier aus, wenig Aussicht auf jagdlichen Erfolg.
Eine winzige Chance verspricht, in dieser Situation, das Anpirschen. Der Jägersmann legt Rucksack und Mantel ab und entschwindet fasst lautlos in die Dunkelheit. So gut es geht, versuche ich, die Szene mit dem Glas zu verfolgen und behalte vor allem das Wild im Blick. Langsam kommt Bewegung in die Tiere. Wenn ich sie, in dem dunklen Gelände, aus dem Sichtfeld verliere, wird es wohl schwer werden, sie wieder zu finden.
Mit einem Mal hallen, in kurzem Abstand, zwei Schüsse durch die Nacht. Alle fünf Wildschweine preschen, in einer Reihe hintereinander, weiter oben, auf den Hochwald zu. Augenscheinlich hat es wohl nicht geklappt, mit dem Weidmannsheil. Jedoch in der

Hälfte des Weges, wird ein Stück langsamer und bleibt immer weiter zurück, während der Rest der Rotte, im sprichwörtlichen Schweinsgalopp, im Wald entschwindet.
Mit betretener Miene stellt sich mein Wildschütz, bei unserem Ansitz, wieder ein: „Das schwächste Stück, aus der Rotte, hab‘ ich auf‘s Korn genommen, zweimal hab‘ ich es beschossen, aber das

Büchsenlicht war so gering, dass ich es wohl gefehlt hab'." Mit meiner Beobachtung kann ich seine Zuversicht wieder heben. Aber etwas Tageslicht müssen wir schon noch abwarten. Und Warten verkürzt sich am besten mit einem kleinen Frühstuck und einem Schluck heißen Kaffee.
Selbst einem Frühaufsteher fällt es nicht gerade leicht, so zeitig nach Mitternacht, aus dem gemütlich warmen Bett, hinaus in die dunkle kühle Nacht zu schlüpfen. Hat man sich dazu überwunden, wird man mannigfach dafür belohnt. Ein Erlebnis ganz besonderer Art bietet der erwachende Frühlingstag, draußen in der Natur. Noch bevor sich der erste Lichtstreif zeigt, erwacht die Vogelwelt nach ihrer ganz eigenen Uhr. Zaghaft regen sich die ersten Stimmchen, denen, nach und nach, aus allen Richtungen, immer mehr und mehr folgen, um letztlich, als der junge Morgen langsam über den östlichen Horizont steigt, in einem großen Chor aller heimischen Vögel zu gipfeln und rund um ist es ein fröhliches Piepsen und Zirpen und Zwitschern und Trällern, das seines Gleichen nur schwerlich findet.
In dem taufrischen Gras des Wiesentales gestaltet sich die Nachsuche zunächst nicht allzu schwer. Die Fährte der Schwarzkittel ist hier recht gut zu verfolgen. Ab und an ist sogar einwenig Schweiß von dem beschossenen Stück auszumachen. Auf dem anschließenden Waldboden ist dann die Kunst der „Fährtensucher" so gut wie am Ende. Nicht die kleinste Andeutung einer Spur ist mehr zu erkennen und von Wildschweiß ist schon gar nichts mehr zu finden, auch nicht der winzigste Tropfen.
Kreuz und quer wird die angenommene Richtung, auch nach dem allerwinzigsten Hinweis, Schritt für Schritt abgesucht. Bis hin, zu der Dickung hinter dem Hochwald. Aber auch hier, nicht das kleinste Anzeichen, auf den Einschlupf der Rotte. In dem dichten Geäst müsste sich doch, wenigstens an den Spitzen der Zweige, eine Andeutung zeigen. Nichts! Die Hoffnung auf erfolgreichen Abschuss, gestärkt durch meine Beobachtung, ist auf dem Nullpunkt angekommen. „Nun bleibt uns nüscht weiter übrich, als

heim zu geh'n, und den Hund zu hol'n", sagt mein Jägersmann. Nachsuchen müssen wir unbedingt, das verlangt der gefundene Schweiß auf dem Rasen.
Sollte mich meine Beobachtung so genarrt haben? Um die ungefähre Richtung zu markieren, wende ich mich dem Wiesengrund zu, mit dem Hinweis: „Aus dieser Richtung müssen sie gekommen sein."
Im gleichen Moment fällt mein Blick unter einen Busch, in der Kuhle vor uns, und - ich kann's kaum fassen, wie waren wir hier schon herumgelaufen: „Guck' mal, was dort liegt", sage ich zu Werner. Es ist der verendete Schwarzkittel.
Alle aufgekommenen Zweifel, an dem weidmännischen Können, sind nun wieder ausgeräumt. Der Schuss sitzt sogar im Blatt. Ein Beweis mehr dafür, wie zäh dieses Wild ist. Nach altem Brauch bekommt der erlegte Überläufer den „letzten Bissen", einen frischen grünen Zweig, in das Gebräch und der erfolgreiche Schütze seinen Bruch, für den Hut, mit einem zünftigen „Weidmanns Heil" dargeboten.

Pilze mit Adlereiern

Fällt ein Feiertag im Oktober so, dass er günstig ein Wochenende verlängert, ist es seit einer Reihe von Jahren schon fast Tradition, dass wir Drei (dicke Freunde und Kollegen) eine Art „Ferien vom Alltag" in Kurzfassung machen. Dabei bezieht sich der Begriff „dicke" nicht auf die Figur, sondern auf den festen Zusammenhalt von: Gerhard, als Elektromeister unserer Arbeitsstätte und Gitarrist der MEDICO; Walter, als Fotograf selbiger Einrichtung und Bassist dieser, sogar über die Umzäunung der Institution hinaus, bekannten Unterhaltungs- und Tanzcombo; und, last but not least, - der Dritte im Bunde, braucht nicht unbedingt so ausführlich vorgestellt zu werden.
In diesem Jahr ist die Konstellation wieder günstig. Schon lange zuvor hat jeder, zu Hause bei der Familie, seinen „Urlaubsschein" eingereicht. An einem zeitigen Mittwochnachmittag, nach getaner

Arbeit, geht es, wie auch die Jahre zuvor, in Richtung Vogtland. Unterwegs werden noch in Plauen eine Kaffeepause und ein kurzer Stadtbummel eingelegt, bevor es, in der zweiten Etappe, kurz vor Bad Elster „links um die Ecke“ und dann noch mal links, den Berg hinauf geht.

In dem kleinen bescheidenen Ort, nahe der tschechischen Grenze, wird von unserem Betrieb ein Ferienheim für Mitarbeiter und ihre Familien unterhalten. Es ist nur eine kleine Einrichtung und ein Luxushotel ist es schon gar nicht, aber die Urlauber werden, den Umständen entsprechend, gut versorgt und es ist so wunderbar ruhig und entspannend hier. Eine Abwechslung, für Unterhaltungshungrige, bieten darüber hinaus zwei Dorfgaststätten und für den täglichen Bedarf, ein kleiner Lebensmittelladen. Zudem ist hier, in Privatinitiative, ein durchaus sehenswertes Bauernmuseum entstanden, in dem es bei jedem Besuch Neues zu entdecken gibt.

Auch dieses Mal gilt, wie bei allen Reisen zuvor, der Antrittsbesuch unserem alten Freund Alwin und seiner Frau. Bevor wir in die geräumige Wohnstube treten, werfen wir noch einen Blick durch das Fenster um die Ecke, ob nicht womöglich der fleißige Gitarrenbauer in seiner Werkstatt hantiert. Drin ist es duster. Für heute hat er schon Feierabend gemacht. Seine neuesten Instrumente stellt er uns schon noch vor, ehe wir zum gemütlichen Teil übergehen. Dabei vergeht dann einige Zeit, bis alle Neuigkeiten ausgetauscht sind. Und es ist so herzerfrischend, den in dieser Mundart, mit seinem, ihm ganz eigenen, Witz und hintergründigen Humor, dargelegten Begebenheiten aus der näheren Umgebung und der großen Weltpolitik zuzuhören.

Wir waren noch schlechtere Musiker, als ohnehin schon, würden wir nicht die Gelegenheit nutzen, hier, im Musikwinkel des Landes, auch einen Besuch des Musikinstrumentenmuseums mit einzuplanen und einschlägige Geschäfte zu durchstöbern. Soviel Zeit findet sich allemal, obwohl die wenigen Tage vor allem ausgedehnten Wanderungen, durch diese herrliche weite Landschaft, mit ihren

duftenden Wäldern, den sanften Wiesentälern und hügeligen Äckern, vorbehalten sind. Wobei der Wandertag dann meistens mit einem gemütlichen Roten- oder Wermte-Abend ausklingt. Dazu muss erläutert werden, dass der „Rote-Abend“ keine politische Diskussionsrunde ist, sondern einige Gläser Rotwein genüsslich die Unterhaltung anregen und am nächsten Abend unterstützt mitunter ein wohltemperierter Wermut (zartbitter oder bitter) die gute Urlaubsstimmung.
Als wir am ersten Morgen den Speiseraum betreten, duftet es schon verführerisch nach frischem Kaffee. Alle eingedeckten Plätze sind noch unberührt. Es sind wohl nicht ausschließlich Frühaufsteher angereist. So viele Betten im Haus, so viele Plätze bietet der kleine Speiseraum. Die vorbereiteten Frühstückstische lassen darauf schließen, dass nicht alle Zimmer belegt sind.
In der geräumigen Küche sorgen täglich zwei ortsansässige fleißige „Mamsellen“ für das leibliche Wohl der Urlauber, in Vollpension. Durchaus verständlich, dass das, bei dem schmalen Etat, nicht von früh bis spät sein kann. So wird das Abendbrot portioniert, in einzelnen Boxen, in einem, neben dem Speiseraum gelegenen, kahlen Gewölbe aufbewahrt. Jeder kann sich dann, nach Lust und Laune - oder Können, zusätzlich in der Küche betätigen und das tollste Menü für den Abend zaubern. Es muss nur alles auch wieder ordentlich gereinigt und beräumt werden.
Außer den, auf unseren Wanderungen, unentbehrlichen Ferngläsern, gehört zum Gepäck, solcher „Oktoberreisen“, auch ein handlicher Spankorb zum Pilze sammeln. So ausgerüstet, machen wir uns, nach dem ausgiebigen Frühstück, auf den Weg. Aber nicht gleich schnurstracks zu den altbekannten Pilzstellen, dahin kommen wir allemal noch. Das nächste Ziel ist, gleich hintenherum, ein interessanter Aussichtspunkt, der, bei klarem Wetter, eine herrliche Weitsicht über die Landesgrenze hinaus bis ins Tschechische und nach Bayern hinein bietet.
Aus dem Fichtenwald, weiter unten in der Senke, kräuselt leichter Rauch empor. Es sind die Meiler der Köhlerei. Dort wird dann erst

einmal, mit den beiden holzkohlegeschwärzten Arbeitern, ein kurzer Plausch gehalten und die Produktion „begutachtet“, bevor wir zu den Forellenteichen weiterziehen. Die ruhigen Wasserflächen, die der Wind nur sachte an einem, dem Wald abgewendeten, schmalen Saum in Bewegung hält und die reizvolle Umgebung vermitteln den lärm- und hastgeplagten Stadtmenschen so ein herrliches Gefühl der Entspannung.
Nach und nach bedecken auch einige „Fundstücke“ den Boden unseres Pilzkorbes. Zufallsentdeckungen am Wegrand. Ziel ist ein Anstieg, weiter hinten, im dichten Wald. Unsere Pilzstelle seit Jahren. Hier erhoffen wir auch heute wieder reichen Sammelerfolg. Bis dahin sind es schon ein paar gute Steinpilze und Maronen geworden. Und nun hier? Unsere Hoffnung wird nicht enttäuscht. Den Flecken haben wir noch nicht zur Hälfte durchstöbert, ist der Korb schon randvoll.
Wie der Mensch eben so ist: Er kann oftmals den Hals nicht voll genug kriegen. Damit wir auch alles erraffen können, werden die Pilze gleich an Ort und Stelle grob geputzt, um die Masse transportieren zu können. Mit einem Stock durch den Henkel, wird dann, auf dem Rückweg, dieses „Riesengewicht“ auf zwei Träger verteilt.
Obwohl die Tour nicht all zu weit war, haben wir uns scheinbar ganz schon vertrödelt, denn kaum ist das Haus erreicht, ruft auch schon der Gong zum Mittagstisch. Die Beute wird vorerst im Gewölbe kühl gestellt und wir machen uns - so husch husch - noch ein bisschen „landfein“. Heute ist Suppentag, aber auch dieses Angebot ist gut und wir haben ja für den Abend vorgesorgt.
Als wir am Nachmittag, von dem kleinen Café unten im Tal, zurückkehren, haben die beiden fleißigen „Hausgeister“ das Feld bereits geräumt. Nun gehört die Küche uns. So eine Dreimännerwirtschaft wird wahrscheinlich in diesem Raum nicht oft vorkommen. Nach einer halben Stunde sieht es bereits aus, als wurde ein Menü für eine größere Gesellschaft vorbereitet. Schließlich soll‘s auch schmecken und da gehört einiges dazu.

Das Putzen der Pilze geht relativ zügig. Die meisten sind ganz frisch und kaum madig, sodass nur wenig Abfall bleibt. Die Suche nach den entsprechenden Gewürzen gestaltet sich da schon etwas aufwendiger, aber es ist alles da, was für ein gutes Pilzgericht gebraucht wird. Auch zwei große Tiegel, die diese Menge (noch ungeschrumpft) gerade so fassen. Nun fleißig, immer abwechselnd, rühren und wenden. Einer flitzt schnell in die Nachbarschaft, zur Familie Adler und erbettelt einige Hühnereier, die dann noch zur Verfeinerung untergerührt werden.
Im Übrigen: Es stimmt nicht immer, das Sprichwort von den vielen Köchen …, das Mahl mundet ganz hervorragend. Nur, die Augen waren wieder einmal größer als der Magen. Wir sind alle Drei nicht die Kleinsten, aber diese Menge macht uns zu schaffen. Da muss wohl, am späteren Abend, noch mit „Rotem“ nachgespült werden. Und ab heute hat dieses Gericht, das es aber nur hier gibt, einen neuen Namen: „Pilze mit Adlereiern.“

Oase am Rande der Stadt

So wie einst die Großmutter ihrem Enkelsohn die Liebe zur Natur erschlossen und gefordert hat, so versucht er nun, in ähnlicher Weise, seinen beiden Söhnen dies weiterzureichen. So oft es sich einrichten lässt, geht es hinaus in die nähere und weitere Umgebung. Dabei wird mitunter Praktisches mit Nützlichem verbunden, sei es zum Beeren oder Pilze sammeln oder auch gelegentlich ein wenig Brennholzbeschaffung. Jedoch im Urlaub ist der Aufenthalt in Wald und Flur überwiegend der Erholung vorbehalten, wobei notwendige „Ernteeinsätze“, in der großelterlichen Landwirtschaft, einen gewissen Erholungseffekt mit einschließen.
Mit Begeisterung hatte sich, all die Jahre, unser Erstgeborener dem Papa auf seinen Waldgängen angeschlossen und neugierig alles Wissenswerte erfragt und erlauscht. Dem Reiz der weiten Landschaft fernerhin zugetan, erschloss er im Laufe der Zeit für sich ein weiteres Interessenfeld, was ihn öfter zu Hause hält. Er hat

das Basteln entdeckt. Den Aufbau von Schiffen und Gebäuden aus Ausschneidebögen. Und, je größer - je lieber. Vor allem Burgen, wie etwa das monumentale Bauwerk der Wartburg. Oma und Opa sind einhellig überzeugt: „Das wird mal ein richtiger Bauingenieur!“
Dennoch durchstreift Papa die Wälder nur noch selten allein. Unser „Kleiner“ hält auch bei etwas ausgedehnteren Wanderungen schon wacker mit. Und um die noch untrainierten jungen Beine nicht übermäßig zu strapazieren, geht es schon mal mit dem Auto etwas näher an das Wanderziel heran, wobei sich gelegentlich noch ein Fahrgast einstellt. In der Verwandtschaft haben wir einen Angler, der zu Fuß oder mit seinem Fahrrad, meist nur auf die näheren Gewässer angewiesen ist. Für ihn ist es eine willkommene Gelegenheit, mit dem Auto auch einmal etwas weiter in die Umgebung zu gelangen und für uns zudem eine interessante Abwechslung, denn diese Art der Beschäftigung in der Natur war bisher nur durch zufällige Begegnungen bekannt. Angeln soll ja, wie es heißt, beruhigen.
So verbringen wir den lauen Sommerabend gemeinsam am Ufer der Lütschetalsperre. Es ist ein schönes ruhiges Fleckchen, gesäumt von buschigen Fichten, deren Schatten über dem erwählten Angelplatz liegt. Hier lässt es sich aushalten. Etwas weiter unten, in Richtung der Sperrmauer, ist in einer Bucht ein kleiner Campingplatz, dessen Benutzer sich der idyllischen Ruhe rundum recht gut anpassen. Am gegenüberliegenden Ufer haben sich noch drei weitere Petrijünger verteilt, die ebenfalls der mehr oder weniger guten „Beißlaune“ der Fische harren.
Unser Kleiner beschäftigt sich interessiert mit der neuen Umgebung und überprüft dabei eingehend das biologische Wissen seines Papas, ohne dabei die beiden Angelposen, weiter draußen auf der Wasserfläche, aus den Augen zu lassen. Er möchte schließlich wissen, wann nun endlich der Onkel mal einen großen Fisch fängt, denn da drüben hat schon einer einen an der Angel gehabt und der ist viel später angekommen als wir.
Wenig später hat auch der Onkel seinen ersten Anbiss und führt,

nach spannendem Drill, einen stattlichen Karpfen über den Unterfangkescher. Dabei weckt die Handhabung des Gerätes sowie die Halterung des Fanges helle Neugier bei unserem Sprössling. Angetan von dieser Begeisterung, bewegt sich die weitere Unterhaltung um die Angelei im Allgemeinen und die Heranführung von Kindern, an diese Freizeitbeschäftigung, im Besonderen, und unser Fischmeister fragt, ob ich nicht Lust hätte, einmal einige Kilometer weiter zu fahren, quasi vor die Haustür seiner Kindheit. Dort gäbe es einen Teich, wo auch der Kleine eine Angel in die Hand nehmen könne, ohne das gleich Ärger zu befürchten wäre. Na, da verabreden wir uns schon für den nächsten Tag. Zeitlich passt es prima, er hat Frühschicht und wir haben Urlaub.
Kaum „blinzelt“ der neue Tag über den Berg, ist unser „Jungangler in spe“ auch schon auf den Beinen und kann die Zeit bis zum Start, an das so verheißungsvolle Gewässer, kaum erwarten. Natürlich will er seinen Beitrag zum sicheren Gelingen des Vorhabens einbringen und so darf der Papa bei der Köderbeschaffung, dem Kneten eines „Spezialteiges“ und dem Suchen nach einer überreichlichen Anzahl Würmer, behilflich sein. Das alles wird anschließend mehrfach kontrolliert und wiederholt begutachtet. Zwischendurch immer wieder ein Blick die Straße hinauf, aber die Ungeduld muss schon noch ein bisschen gezügelt werden.
Eine kurze Spanne nach dem Mittagessen hat das Warten ein Ende. Es klopft am Fenster. Draußen steht Onkel Harald, zünftig ausgerüstet, mit Rucksack und Angelruten. Nun ist es soweit. Das Auto bringt uns aus dem Tal hinaus, durch das Städtchen am Fuße der Berge und in der Ebene über die Autobahn hinweg. Weithin sichtbar, grüßt aus der Kreisstadt Gotha, das beeindruckende, als Museum erhaltene „Schloss Friedenstein“. Hinter dem Eisenbahnviadukt geht es rechts weg, gleich wieder aus der Stadt hinaus, durch einen kleinen Vorort. Bereits nach den letzten Häusern verlassen wir die Landstraße und fahren auf einen Feldweg, vorbei an frisch gemähten Wiesen und gut in der Frucht stehenden Äckern. An der Umzäunung einer Koppel wird das Fahrzeug abgestellt. Nur noch

wenige Schritte sind es, bis zu einem ausgedehnten, am Rand der Felder sich hinziehenden und mit verschiedenstem Buschwerk durchwachsenen Erlenwald.
Eine herrliche Ruhe umgibt diese Landschaft, getragen vom Zirpen und Summen der Insekten und zwischen den Bäumen schwebt der Duft aus einem Gemisch von Morast und herben Kräutern. Nach wenigen Schritten öffnet sich eine weite Lichtung, zu dem zum großen Teil dicht verschilften Sieblebener Teich. Das Ziel dieses Ausflugs und die Sehnsucht unseres Junganglers. Dichtes Buschwerk am Ufer erlaubt keine großen Auswahlmöglichkeiten des Angelplatzes. Ein schmaler Einschnitt an der Schilfkante und eine kleine Landzunge am Auslauf des Gewässers bieten sich an.
Freudige Erwartung und begeisternde Ungeduld können je kaum größer sein. Der Onkel hat eine komplette Ausrüstung mitgebracht, die nun in ihrer Handhabung erst einmal geübt werden muss. Eine Gerte, ganz entsprechend der „Größe“ des wackeren Anglers, mit Rolle und allem was dazu gehört. Mit Spannung werden die Montage und einige praktische Vorführungen aufmerksam verfolgt, bis endlich zum ersten Mal die Angel stolz gehandhabt werden darf. Was für ein Erlebnis!
Das Aufstecken des Köders funktioniert gleich von vornherein und der Anschlag klappt nach einigen Übungen recht passabel, manchmal ein bisschen übereifrig, was gar zu verständlich ist. Und so wird recht oft die Angel leer eingeholt, was dem Spaß an der Sache keinen Abbruch tut, kann man dabei gleich den richtigen Sitz des Köders kontrollieren. Nur das Auswerfen will noch nicht so recht klappen, woran das dichte Buschwerk ringsum einen entscheidenden Anteil hat. So folgt dann: „Vati, wirfst du mir mal die Angel aus?“
Mit der Zeit stellen sich auch die ersten Fangerfolge ein. Es sind durchweg kleinere Rotfedern, die hier in Ufernähe lang ziehen. Ausnahmslos werden sie wieder in ihr Element entlassen. Etwas weiter abseits, an einer lichten Uferstelle, hat der Onkel seinen Ansitz eingerichtet, hier platscht es wesentlich kräftiger im

Wasser. Er angelt aber auch viel weiter draußen, fast in der Mitte des Gewässers. Da kommen wir mit der kurzen Angelrute und dem leichten Schwimmer, auch mit größter Anstrengung, natürlich nicht halb soweit. Aber Spaß macht es trotzdem. Die Hauptsache: Es beißt.

Wer soviel „arbeitet“, muss auch ab und an etwas essen. Mutti hat bestens vorgesorgt und so wird, in gemütlicher Runde, eine ausgiebige Pause eingelegt. Dabei nimmt sich der Onkel die kurze Rute vor, um sie „aufzurüsten“. Er hat natürlich den kleinen Angler bei seiner eifrigen Beschäftigung beobachtet und befunden, dass er die Sache schon recht gut macht. Nun soll, damit er sich auch weiter draußen, im tieferen Wasser versuchen kann, eine etwas schwerere Pose montiert werden. Die Vorratsschachtel enthält dazu eine ganze Menge unterschiedlichster Muster. Durchweg Eigenbau. Aus den verschiedensten Materialien, in allen möglichen Formen und Farben. Die Phantasie kennt keine Grenzen. Und alle sind schon vielfach erprobt.

Die Sonne neigt sich allmählich dem Horizont entgegen und legt über die Wipfel der Bäume und die weite Schilffläche einen rotgoldenen Schimmer. Frösche stimmen rund um den Teich ihr Abendkonzert an und von weit hinten klingt leise das glockenartige „ung ung“ einer Unke herüber. Im Unterholz wird es lebendig, emsig raschelt es in dem dürren Laub am Boden. Eine Igelfamilie hat ihre Tagesruhe beendet und durchstöbert die Umgebung nach Essbarem. Das ist die Zeit, zwischen Tag und Nacht, in der auch die Fische noch einmal munter durch das Wasser ziehen.

Die Angel ist längst schon wieder ausgeworfen. Die Pose schaukelt nun weiter draußen auf der Wasserfläche. Ab und zu wippt sie ein wenig, aber so ein richtiger Anbiss ist das nicht. Es ist der Nachwuchs, der da am Köder zupft. Mit einem Mal - schwupp - ist der Schwimmer weggetaucht. Darauf hat der kleine Angler angespannt gewartet. Der Anhieb sitzt und der Drill bringt eine ansehnliche Karausche in den Kescher. Noch zwei solcher Fische kann er landen, dann ist es Zeit, den Heimweg anzutreten. Mutti wird uns die frischen Fische, den ersten eigenen Fang, schon knusprig zum Abendessen braten. Und wir wissen es schon ganz genau: Hierher werden wir bald wiederkommen, in diese „Oase am Rande der Stadt“.

Nicht nur Moderlieschen

Es gibt sicher nicht viele Arbeitsstätten, die so schön gelegen sind, wie die unsere. In hügeliger Landschaft, am Rande der Stadt, umgeben von altem Laub- und Nadelwald. Nur einige Wohnhäuser grenzen gleich nebenan und etwas entfernter, aber geräuschintensiv, die Hauptverkehrsstraße. Der jedoch, mit dem dichten Unterwuchs im Hochwald, eine einigermaßen wirksame Schalldämpfung entgegensteht.
In früherer Zeit, als dieses Krankenhaus noch nicht mit zusätzlichen Gebäuden und Anbauten erweitert war, reichte der Wald sogar, durch den Park hindurch, bis nahezu an alle Fenster heran. Eine gepflegte Liegewiese, mit angrenzendem Schwimmbad, diente, in den Freistunden, dem Personal zur Erholung. Das „Schwimmbad" war natürlich der Feuerlöschteich, aber ordentlich angelegt, mit einem abgegrenzten Nichtschwimmerbereich, Zugangstreppen und sogar zwei richtigen Duschplätzen.
Zur Sauberhaltung dieses Beckens war allerdings auch ein erheblicher Anteil an Privatinitiative erforderlich. Vor allem im Jahr gestaltete sich diese Reinigung, mit Schrubbern und Schaufeln, reichlich arbeitsintensiv. Und das musste, während einer Badesaison, bedingt durch den Baumbestand ringsum, mitunter wiederholt werden. Nur selten mangelte es dabei an „fachkundigen" und fleißigen Helfern. Die Kinder, des anwohnenden Personals, erfüllten solche Aufgaben mit wahrer Begeisterung. Sind ja eben hier die meisten so richtige Schwimmer geworden.
Die Jugend wuchs heran, fand interessantere Freizeitbeschäftigung, als Löschteich reinigen und ein bisschen schwimmen. Die erforderlichen Wassermengen, für einen wiederholten Wechsel, standen wohl auch nicht mehr, in großzügiger Weise, zur Verfügung. So vereinsamte die schöne Anlage und diente nicht mehr als Schwimmstätte. Die Natur nahm sich ihrer an, in kurzer Zeit. Die eingekehrte Ruhe veranlasste Wildenten zur „Zwischenlandung", die ganz sicher zu manchem natürlichen Eintrag beitrugen.

Als erstes gab es nun Mengen von Kleinlebewesen, sodass der Bedarf an Wasserflöhen, für die Aquarien, zeitweilig daraus gedeckt werden konnte. Aber es dauerte gar nicht allzu lange und es zeigten sich die ersten kleinen Fische. Wir taten ein Übriges und brachten einige mehr, wie Setzlinge aus den Restlöchern abgefischter Karpfenteiche, noch hinzu.
Das Gros der jungen Leute, hier draußen, geht inzwischen andere Wege. Die wenigen Nachzügler, die selbstverständlich bei allen Aktionen der Größeren dabei waren, sind nun, die meiste Zeit, auf sich allein gestellt. Auf dieser „Insel“, abseits der Stadt. Da hat ein heranwachsender Junge viel Zeit, sich in der Natur zu beschäftigen. Zumal nun der Teich so interessant geworden ist.
Man könnte auch hier mal das Angeln probieren. Eine Bambusrute als Grundausrüstung, mit wenigen einfachen Schnurringen, ist leicht beschafft. Dazu eine einfache Grundrolle, am Handgriff mit Leukoplast befestigt, ergänzt die technische Vollständigkeit. Ein kleiner Eimer, für den zu erwartenden Fang, rundet das Bild des vollkommenen Anglers. So zieht er los, um sich im Park die Zeit zu vertreiben.
Wahrscheinlich haben die Moderlieschen inzwischen eine Phase der Massenvermehrung durchlaufen, oder durchschwommen. Ganze Schwärme ziehen im Teich umher und nicht wenige gehen dem, immerhin noch recht ungeübten, Jungangler an den Haken. Im häuslichen Speiseplan ist allerdings für diese Fischchen keine Verwendung vorgesehen und so kommen sie allesamt wieder hinein, in ihr Schwimmbecken.
Mit der Zeit werden Kleinigkeiten zur Nebensache und mit der Routine wachsen die Anforderungen. Der Mensch strebt nach Höherem. So oder ähnliche Gedanken müssen wohl vorausgegangen sein, an diesem Tag, als ich nach Dienstschluss zu Hause ankomme. Aus dem Bad schallen freudig erregte Laute, die unschwer das auslösende Ereignis ahnen lassen. Mutti und Sohnemann sind eben dabei, einem recht stattlichen Karpfen, von knapp über fünf Pfund, die Wanne heimisch einzurichten.

So ein Erlebnis - und Papa war nicht dabei. Aber der erfolgreiche Angler wird es nicht müde, immer und immer wieder, keine Kleinigkeit auslassend, detailgetreu darüber zu berichten, wie er losgezogen ist, schon mit dem Willen, heute etwas besseres zu fangen, als nur Moderlieschen.

Nur ein wenig hat er die Montage an der Schnur verändert. Statt des üblichen Brötchenteigs nimmt er aus Muttis Vorratsschrank einige Stücken Magerkäse und zu dem schon bekannten Eimerchen wird noch der große Unterfangkescher geschultert. Ein Aufzug, über den Personal und Patienten sicher recht verwundert sind.
Der neue Schwimmer, schon im Wasser zu Hause grob ausgelotet, muss nun noch getestet werden. Ein Stück Käse am Haken und der erste Wurf lässt die Montage viel zu schwer erscheinen. So wie die Pose ins Wasser taucht, geht sie auch gleich unter. Zu schwer! Aber noch schwerer wird das Wiedereinholen, ein großer Karpfen hat den Köder genommen.
Dieser Drill dauert. Bedenklich biegt sich die Rute und der Jungangler gerät allmählich ganz schön in die Bredouille. An Keschern ist gar nicht zu denken. Der Griff ist, für eine Kinderhand, auch ein bisschen zu klobig ausgefallen. Ein Patient, der die Mühe des Karpfenfängers schon eine Weile beobachtet, kommt ihm schließlich mit dem Kescher zu Hilfe. So ist es geschafft.
Kopfüber wird der große Fang in den wassergefüllten kleinen Eimer gestülpt und schnurstracks geht es mit Beute und Ausrüstung nach Hause. Keine Zeit, unterwegs den freundlichen Passanten Rede und Antwort zu stehen. Der schöne Karpfen soll schnell wieder heraus, aus dieser Enge, um in der großen Wanne genügend Bewegung zu haben und gebührlich bestaunt zu werden.

Pilzwetter

Die letzte Woche der langen Sommerschulferien ist nun herbei gekommen. Da wollen wir die wenigen freien Tage, zu Hause bei Oma und Opa, im schönen Thüringer Wald, für ausgiebige Unternehmungen in die erholsamen Weiten der Natur nutzen. Die vergangene Woche hatte es, aber mehrere Tage, einen richtig verdrießlichen Landregen gegeben, aber jetzt lacht die Sonne wieder und der Wald schwitzt förmlich, nach dem ausgiebigen Bad. Da sollte es wohl Pilze geben.

Die Sonne braucht noch eine ganze Weile, bis sie über den Kienberg steigt. Gerade mal hinten, am Fuße des Streitbergs, spiegeln sich die ersten Strahlen im Wasser der Ohra wider. Die Familie sitzt noch am Frühstückstisch, als von ferne, die Straße herab, ein sachtes vielstimmiges Geläut gemächlich näher kommt. Es sind die Kühe, die der Hirt des Dorfes, Hof für Hof, in denen welche gehalten werden und die gerade „arbeitsfrei" haben, sammelt und zur Waldweide austreibt. Etliche, der vor allem älteren Bewohner, halten hier eine oder auch zwei der hellbraunen Franken-Rinder zur Milchversorgung und um sie vor den Erntewagen und den Ackerpflug zu spannen. Auch Oma steht am Tor, um die behäbige Liese und die etwas jüngere und auch temperamentvollere Lotte, in den Trieb einzureihen. Die Tiere kennen den Weg. Genauso wie sie auch am Abend, zur Heimkehr, von selbst durch die geöffneten Türen in ihren Stall zurücktrotten.
Auch wir, der Papa und seine beiden Söhne, brechen nunmehr zu der vorgenommenen Pilztour auf. Ausgerüstet mit zwei Spankörben und der nötigen Verpflegung, geht es gleich, hinten durch den kleinen Garten, ein ganzes Stück am Wasser entlang. In der frischen Morgenluft schreitet es sich locker voran und schon bald ist das alte Forsthaus erreicht, das sich, im Vergleich zu den kleinen Häusern der Umgebung, quer in dem schmalen Seitental, beschaulich präsentiert. Das weiträumig umzäunte Grundstück, durchflossen von dem kleinen, mit allerlei Gesträuch und hohen Erlen gesäumten Bach, unterstreicht diesen Eindruck.
Hier wohnten, in früheren Zeiten, einmal drei oder vier Försterfamilien. In der Erinnerung sind allerdings nur noch zwei weitere Namen haften geblieben. Welch Wunder überhaupt, denn als der kleine Steppke gerade mal so drei Jahre alt war, musste die, nun schon einige Jahre, verwitwete Großmutter dieses, für einen erkundungshungrigen und naturbegeisternden Sprössling, so herrliche Anwesen verlassen und eine andere Wohnung im Ort beziehen. Noch oft führte, in den folgenden Jahren, der Weg mit der Großmutter in diese Umgebung. Vorbei an den, hinter dem

Grundstück, so idyllisch gelegenen Fischzuchtteichen und weiter in die hinteren Bergwälder zu manch schönen und ergiebigen Pilzstellen.

Dieser herrliche Flecken Erde, voll verklärter Kindheitserinnerungen und manch interessanter Begegnung, ist Ziel unseres heutigen Ausflugs. Sicher wird sich, mit den Jahren, im Wald einiges verändert haben und die alten Pilzstellen werden nicht mehr dieselben sein, aber der Reiz der schönen Landschaft, mit ihrer reinen Luft, die klaren Bäche, mit den flink huschenden Forellen, sind es wohl wie eh und je geblieben.

Die Teiche, hinter dem alten Forsthaus „Langenburg“, sind natürlich, für die beiden Jungs, ein interessantes und inspizierenswertes Objekt. Pilzbegeisterung hin, Pilzbegeisterung her, diese Sehenswürdigkeit wird, verständlicherweise, erst einmal rundum eingehend in Augenschein genommen - und, ob der großen Forellen, für ganz toll befunden.

Dabei überfliegen die Gedanken Zeit und Raum und vor dem geistigen Auge nehmen die alte Massemühle und ihr hochbetagter Besitzer, so wie sie vor einigen Jahrzehnten, auf den Waldwanderungen mit der Großmutter, angetroffen wurden, wieder Gestalt an. Hier, zwischen den glasklaren Teichen, mit der mächtigen Krone einer Blutbuche über dem alten Haus und dem Panorama des Kienberges im Hintergrund, entstand auch, in der frühen Phase der „Naturabbildung mit Farbe und Pinsel“, das erste in „Öl“ gemalte Bild. Gewiss kein meisterliches Kunstwerk, aber eine Darstellung voller Erinnerungen und Kindheitsträume.

Ein Stückchen zauberhafte Landschaft, eingetaucht in die satten Farben des Sommers und erfüllt von dem Duft des Bergwaldes. Auch unser Kleiner ist von hier kaum weiterzubringen und nur die Aussicht, dass es nun noch ein ganzes Stück den Bach entlang geht, lässt ihn freudig voranschreiten. Halt macht er erst wieder an der kleinen Brücke, um die, mit weniger Ungestüm behafteten, älteren Bummelanten ungeduldig zu erwarten.

Neben der aus Naturstämmen gezimmerten schmalen Brücke führt eine breite Furt, für die Fuhrwerke, durch den Bach, der etwas weiter oben aus einem dichten Fichtenjungwuchs hervorsprudelt. Rundum, bis auf die Höhen hinauf, sind die Hänge mit Hochwald bestanden, was die Berge augenscheinlich noch näher zusammenrückt und die Täler noch enger erscheinen lässt. Die Feuchtigkeit der vergangenen Tage hält die Umgebung in einen feinen leichten Morgennebel, welchen schemenhaft die Sonne durchdringt und ihre Strahlen wie Goldfäden erscheinen lässt.

So schmal sich der Bach durch den Radebreche-Grund auf den ersten Blick auch darstellt, hat er in seinen vielen Windungen und Kehren tiefe Gumpen und Uferunterspülungen. Die bevorzugten Einstände der Bachforellen. Ab und an sieht man eine durch das sprudelnde Wasser huschen oder, bei entsprechend stiller Beobachtung, nach einem obenauf treibenden Insekt steigen. Das nicht gerade üppige Nahrungsangebot, in diesem sauberen Wasser, lässt naturgemäß auch kaum so kapitale Fische heranwachsen, wie in einem Fluss in der Niederung. Doch in dieser Landschaft, mit den beiderseits beengenden Berghängen, wo im Grunde alles ein wenig geduckt erscheint, passen gerade die halbwüchsigen gut in das beschauliche Bild.

Hinten im Tal, wo der Weg eng am Fuß des Berges entlang führt, ist der Fichtenjungwuchs schon einige Jahre älter und nicht mehr ganz so dicht und undurchdringlich. Das Gras, beiderseits des Baches, ist weit in die Schonung hineingewachsen. Pilzgras nennen sie es hier. Und - es stimmt. Aus ihm lugen hellbraune Kappen hervor. Ganz frische feste Steinpilze. Viele sind es nicht, aber den Jungs macht es großen Spaß, den Busch zu durchstöbern.

Bevor wir, hinten im Grund angekommen, dem munteren Bächlein den Rücken kehren, um durch das Dunkeltal auf die Höhe zu steigen, rasten wir unter einer starken Fichte, direkt am Ufer, um ein wenig zu verschnaufen und den Proviant zu verzehren. Dazu plätschert leise das Wasser und beinahe klingt es als flüstere es Geschichten aus einer längst vergangenen Zeit.

Noch eine kleine Erfrischung für Gesicht und Hände, dann geht es

an den gemächlichen Anstieg die Höhe hinauf, ohne den Blick für unser eigentliches Anliegen zu verlieren. „Ob wir heute überhaupt noch etwas in die Körbe bekommen?“ Der Anfang ließ sich so gut an. Außer einer Hand voll Pfifferlinge hat sich bisher nichts weiter zu den schönen Steinpilzen gesellt. Der Wald ist ja noch groß.
Von hier oben macht sich der Bach nur noch winzig aus. Der leichte Nebel zwischen den Bäumen ist verflogen und offen ist der Blick über die Hügel, wo in der Höhe ein Milan ruhig seines Weges zieht. Das begleitende hämmern und klopfen, aus der Baumgruppe voraus, ist mit einemmal verstummt und „lachend“ gleitet der Schwarzspecht, in seinem typischen Wellenflug, auf die andere Seite des Tales.
Links des Weges zieht sich eine dichte Fichtenschonung den Berg hinauf. Durch die starke Hangneigung ist die Wegböschung, bis zu den Bäumen, fast mannshoch und so streift der Blick unwillkürlich über den Boden der Schonung. Welche Überraschung: Nur wenige Meter hinein, stehen einige Rotkappen zwischen den Stämmchen. Kriechend wird nun der ganze Bestand durchstöbert. Rotkappen über Rotkappen! Die Körbe können die Fülle gar nicht fassen.
Nach dieser Überraschung geht es nun wieder heimwärts. Auf halben Weg, zwischen Steinkopf und Kohlerstieg, klingt verhalten das bekannte Glockengeläut durch den Wald und schon bald sind die Rinder, weit aufgelockert, zwischen den Bäumen zu sehen. Gemächlich weidend bewegen sich die Tiere nur wenig und verursachen so auch nur ganz leise, fast pianissimo, mit ihren verschiedengestimmten Glocken, eine eigene Melodie. So groß, wie noch vor etlichen Jahren, ist die Herde heute nicht mehr. Die moderne Technik hält auch in den Tälern Einzug. Traktoren und Mähdrescher ersetzen zunehmend die Kühe vor dem Ackerpflug und Erntewagen. Die Kuh als Arbeitstier hat wohl bald ausgedient und die Zeit ist abzusehen, wo es dieses idyllische Bild in den Wäldern so nicht mehr geben wird!

An den Kiesgruben

Die Tage werden merklich kürzer. Die Getreidefelder sind zu einem großen Teil schon abgeerntet und bald sind auch die Rüben und Kartoffeln an der Reihe. Aus den Blättern der Bäume weicht allmählich das Grün und hinterlässt die Hülle in den buntesten Schattierungen, bis sie den Halt an den Zweigen verlieren und zu Boden gleiten, oder ein scharfer Wind sie einfach wegzaust. Es wird Herbst.

Einige Urlaubstage bleiben immer für diese Zeit reserviert. Ein Besuch beim „Angelonkel“ ist gleichzeitig ein Stück Erfahrungsaustausch. Treffen sich doch hier Interessen auf gleicher Ebene. Seit den Sommerferien ist die Neugier erheblich geweckt und die Beschaffung einer besseren Angelausrüstung selbstverständliche Vaterpflicht. Die neue Glasfaserrute harrt nun ihrer ersten Bewährungsprobe.

Freilich gibt es in der Umgebung gute Angelgewässer. Große Teiche, mit breiten grasbewachsenen Ufern und gutem Fischbesatz, oder munter plätschernde Flüsse, mit herrlich glasklarem Wasser. Aber für Anfänger, ohne jegliche Erfahrung und noch weniger Erlaubnis, vorläufig tabu. So ein „Alter Hase“, wie der Onkel, weiß, wo er die Neulinge hinführen kann, ohne dass gleich Ärger zu erwarten ist. Ein einsamer kleiner Teich, unten in der Ebene, mitten in den Feldern gelegen.

In dem welligen Gelände zieht sich der Weg ganz beträchtlich in die Länge, wovon aber in der Spannung, der zu erwartenden Angelerlebnisse, kaum Notiz genommen wird. Ist ja auch schon in einiger Entfernung die Buschgruppe zu erkennen, in der das angestrebte Ziel liegt. Hier sind aber wohl nicht nur Fische zu Hause. Im Näherkommen machen wir Rehwild locker, das aus den Büschen in hohen Sätzen abspringt und sich in die Felder zurückzieht. Dazu schimpfen aus einer kleinen Baumgruppe einige Rabenkrähen.

Das leicht erhöhte Ufer ist endlich erreicht. Welche Enttäuschung. Sicher hat hier der Onkel auch in seiner Kindheit geangelt, später

dann wohl nicht mehr. Dieser Teich ist schöne Erinnerung, sonst nichts. Eine große Fläche, dicht verwachsen mit Gräsern und Sträuchern. Man bekommt wohl kaum noch nasse Füße beim Hineintreten. In der großen weiten Runde ist kein Wasser mehr zu sehen. „Da versuchen wir es eben ´mal an den Kiesgruben", sagt er nun.
Auf dem Rückweg fällt es jetzt deutlich auf, wie lang der Anmarsch war. Fehlt ja im Moment auch die rechte Motivation, für ein zügiges Voranschreiten. Ist nur zu hoffen, dass das nächste Ziel nicht in ähnlicher Weise enttäuscht. Aber schon bald sind alle Strapazen vergessen. Eine Wasserfläche schimmert verlockend in der Ferne und wirkt, auf die müden Beine des fischereibegeisterten Sprösslings, wie ein kräftiger belebender Sog.
Voraus liegen die „Kiesgruben". Keine gewaltigen Löcher, mit steilem Absturz und etliche Meter tiefem Wasser, wie sie mitunter anzutreffen sind. Bei weitem nicht. Die Landschaft wirkt eher lieblich und reizvoll. Das hier einmal Kies abgebaut wurde ist noch zu erkennen, aber an vielen Stellen hat das Grün schon wieder Fuß gefasst. Die Abtragungen, am hinteren Teil des Geländes, sind kaum zwei bis drei Meter hoch und auf der Sohle befinden sich, mit einem breiten Ufersaum, einige nicht all zu tiefe wassergefüllte Gruben, teilweise durch schmale Rinnen verbunden.
Ab und an sind schon mal Angler hier zu sehen. Dann versuchen wir es eben auch einmal. Die Begeisterung kennt keine Grenzen und an allen begehbaren Uferpartien wird ausgiebig probiert. Beim Platzieren der Angel braucht schon längst keiner mehr behilflich zu sein. Mit jedem Wurf gewinnt die Handhabung des Gerätes mehr an Form und Routine. „Es macht richtig Spaß, wie das Kerlchen mit der Angel umgeht", meint Onkel Harald.
Sichtlich noch mehr Spaß macht die Sache unserem Jungangler, zumal die Fische recht gut beißen. Nicht jeder Anbiss ist auch ein Fang und die meisten sind nur kleinere Fische, die alle noch ein bisschen wachsen sollen, was der Freude aber keinen Abbruch tut. Am liebsten würde er das Angeln zur alltäglichen

Urlaubsbeschäftigung erheben, aber Onkel Harald hat, außer dem Fischen, noch einen Beruf und auch einiges daheim zu erledigen. So wird die Zeit genutzt, um reichlich neue Erkenntnisse zu sammeln und einige Kniffe aus der „Trickkiste“ des erfahrenen Anglers zu erlernen. Die Neugier findet erst einen vorläufigen Abschluss, als sich bereits die Sichel des Mondes im Wasser spiegelt.

Bevor die schöne Ferienzeit vorüber ist, soll es noch einmal an die Kiesgruben gehen, aber Harald hat keine Zeit. Wir wissen ja nun wo sie sind, also gehen wir auch einmal alleine. Gleich nach dem Frühstück brechen wir auf. Am Rande eines Feldwegs wird das Auto abgestellt und die restliche Strecke zu Fuß zurückgelegt. Rundum ist herrliche ländliche Ruhe. Von der Landstraße dringen verhalten Geräusche herüber, die aber so nicht stören und an dem Gewässer ist wohl heute auch kaum Betrieb zu erwarten.

Wie man sich mitunter täuschen kann. Die Gruben sind noch gar nicht voll in Sicht, dringen bereits mit Gelächter untermalte Worte aus dieser Richtung herüber. Drei Angler sitzen in stimmungsvoller Unterhaltung nebeneinander. Sie sprechen aber keinen hiesigen Dialekt. Sie sind überhaupt nicht zu verstehen. Es sind „Freunde“ aus der nahegelegenen Garnison. Sie angeln scheinbar um die Wette, obwohl ihre Ausrüstung so gar nicht wettkampfmäßig aussieht, aber sie fangen - und das nicht einmal schlecht. Alles was sie fangen, ob großer oder kleiner Fisch - denn auch der bereichert die Fischsuppe, landet in der gemeinsamen Halterung: In einer, hinter ihnen gelegenen, etwas tieferen Regenpfütze.

Erfahrungsgemäß, auch aus anderen Begegnungen, ist mit den fremdsprachigen Fischfreunden recht gutes Auskommen, wenn nicht gerade die Wodkaflasche allzu oft die Runde gemacht hat. Diese Angelpartie scheint sogar alkoholfrei zu sein und außerdem ist das Gewässer so groß, dass alle reichlich Platz haben. Wir postieren uns am gegenüberliegenden Ufer.

Es lässt sich recht gut an. Die Fische scheinen heute in bester Beißlaune zu sein, wenn auch die meisten noch klein sind. Dabei vergeht die Zeit recht kurzweilig, mit Beobachtung der umgebenden

Natur und der Angelfreunde, sowie einer gelegentlichen Anerkennung, rüber und nüber, bei der Landung eines etwas größeren Fisches.
Gegenüber scheint die Angelpassion etwas nachzulassen, oder die gefangenen Fische reichen schon für die geplante Mahlzeit. Es kann aber auch sein, dass allzu langes Hocken ein bisschen ins Kreuz geht. Einer erhebt sich und verschafft sich etwas Bewegung, indem er langsam das Gewässer umrundet. Er gesellt sich zu uns und gerne würden wir uns etwas besser verständigen, als es mit einem Lächeln und ein paar Gesten möglich ist. Im selben Moment erfolgt ein kräftiger Anbiss. Unser Zuschauer kommentiert ihn mit: „Aaaah, gutt." Der Zug an der Schnur und der Bogen der Rute lässt einen sehr guten Fisch vermuten, doch bevor er sich überhaupt einmal aus der Tiefe zeigt, hat er sich vom Haken gelöst. Zweiter Kommentar: „Ah, nix gutt." Damit setzt er seine Runde um den Teich fort.
Drüben wird zum Aufbruch gerüstet, was allerdings so seine Zeit dauert, denn zunächst müssen erst einmal alle Fische, mit den Händen, wieder aus der „Halterung" herausgefangen werden. Nachdem wir das Gewässer wieder ganz für uns alleine haben und rundum herrliche Ruhe eingekehrt ist, wandern wir, so Abschnitt für Abschnitt, angelnd am Ufer entlang, bis zu besagter Regenpfütze, die als Halterung für den gesamten Fang diente. Sie ist absolut leer. Nicht das kleinste Fischchen zappelt mehr darin, und auch am Ufer deutet kaum noch etwas auf das Treiben am Vormittag hin.
Mittlerweile steht die Sonne ziemlich hoch und auch wir beenden den interessanten und schönen Angeltag mit einigen guten Schleien, denn zu Hause werden wir sicher schon lange erwartet.

Waldfrühling

Dieser Winter war wieder einmal ganz besonders lang. Schon zeitig, im Herbst, überzog er die Landschaft mit einer dauerhaften Schneedecke, die, ab und an erneuert, zu beträchtlicher Höhe

anwuchs. Dazu hielten sich später Minustemperaturen um die zwanzig Grad und machten es allen Tieren in Wald und Flur nicht leicht zu überleben.
Die Greife saßen aufgeplustert im Geäst und warteten vergeblich auf eine Maus, die vielleicht einmal, unterwegs auf Nahrungssuche, ihr Näschen über die Schneedecke stecken könnte, aber die meisten blieben tief im Verborgenen. So sah man nun die Greife mehr in der Nähe der Landstraßen, um dort auf etwas Essbares zu hoffen. Selten genug fand sich hier und da ein überfahrener Fuchs oder Hase, doch es reichte, zumindest für einen Teil, die harte Zeit zu überstehen.
Das Schalenwild hatte es noch um einiges schwerer. Zu der spärlichen Äsung an Bäumen und Sträuchern, denn an die welken Halme und Stauden vom vergangenen Herbst war kaum heranzukommen, gesellten sich die Beschwerden der, in der verharschten Schneedecke, wundgeriebenen Läufe. So manches Tier, was nicht schon vor der kargen Zeit kräftig zugelegt hatte, überstand diesen Winter nicht.
Aber nun hat endlich der Frühling den Winter besiegt. Schwer tat er sich, zu gehen. In schattigen Senken finden sich immer noch verkrustete und verschmutzte Reste seines langen Aufenthalts. Jedoch dort, wo die Sonne mit ihren wärmenden Strahlen über den Boden streicht, fängt es zaghaft an zu grünen und zu blühen.
Heute ist so recht ein Tag, den jungen Frühling in der Natur zu begrüßen. Wenn auch die Jungbuchen noch ihr braungefärbtes dürres Laub vom Vorjahr tragen, das ein laues Lüftchen sanft zum Rascheln bringt, überall erwacht die Natur zu neuem Leben. Ob es das frische Grün ist, was sich, zwischen dem vergangenen Bodenbewuchs des Vorjahres, der Sonne entgegenstreckt, oder der noch schlaftrunkene kleine Käfer, der seine Flügel reckt und sich brummend in die Luft erhebt, überall, in Flora und Fauna, beginnt ein großes Erwachen.
Nur wenige hundert Meter Fußweg sind es, quer durch den Wald, bis zu der kleinen Senke mit dem Bächlein, das hinter dem Dorf

seine Quelle hat. Die Flut der Schneeschmelze hat es von dem, das Jahr über angesammelten, sperrigen Unrat befreit und nun ist es wieder das schmale klare Rinnsal, in dem sich, wie in jedem Jahr, die Larven der Köcherfliegen entwickeln werden.
Den Waldweg säumen Gruppen blühender Buschwindröschen und an den Sträuchern sind die Knospen prall gefüllt, um sich bald zu neuem grün zu öffnen. Im Geäst tummelt sich die artenreiche Vogelwelt und trällert vielstimmig ihre Melodien in den Tag, oder auch nur ein bescheidenes, aber deshalb nicht weniger fröhliches, „pink - pitt", das Repertoire der Blaumeisen, getragen von der reinen Waldluft, die auch den Menschen neu beschwingt.
An die Stämme der Fichten und auf den locker federnden Waldboden zaubert die Sonne warme leuchtende Farben und die Wipfel wiegt ein sanfter Windhauch. Mit einem Mal verändert sich die Geräuschkulisse. Durch den Eichenhain braust ein eigenartiges Rauschen. Eine Rotte Schwarzwild bricht hervor und strebt, in sprichwörtlichem „Schweinsgalopp", auf die, unten in der Senke liegende, große Fichtenschonung zu. Nur wenige Augenblicke dauert dieses Schauspiel, danach ist ringsum wieder alles still und einsam.
Unter den alten Eichen geht es sich nicht so geräuschlos, wie auf dem Nadelwaldboden, denn das harte dürre Laub braucht seine Zeit zum Verrotten. Ganz geruhsam, Schritt für Schritt, bleibt auch hier des Waldes Stille kaum gestört und die einfallende Frühlingssonne, durch die noch unbelaubten breiten Kronen, ist Balsam für Körper und Seele.
Hörte es sich vor etwa fünf oder zehn Minuten an (das Zeitgefühl verliert sich schnell in der Einsamkeit), als zöge ein Sturm mit Hagel auf, so klingt es jetzt, durch den Eichenwald, wie leichter Nieselregen. Doch, es beginnt auch nicht zu nieseln, - zweiunddreißig kleine Beinchen trippeln über das dürre Laub. In weitem Bogen kommt ein ganzer Wurf gestreifter kleiner Frischlinge direkt auf mich zu. In nur wenigen Schritten Abstand verhoffen sie, schauen erhobenen Hauptes dem Fremdling ins Gesicht und es ist ihnen

förmlich die vermeintliche Frage anzusehen: „Weißt du nicht, wo unsere Mama ist?“

Ja, wie könnte man‘s ihnen klar machen. Sie trollen sich dann von selbst in Richtung Schonung. Mit Freude und auch einiger Erleichterung, denn wer weiß, ob eine führende Bache, bei der Suche nach ihren Sprösslingen, so richtig Spaß versteht? Es muss wohl eine gehörige Störung gewesen sein, die eine Rotte so vergrämt, dass eine Bache solche Winzlinge zurücklässt.

Weiter oben, wo der Hochwald an eine Kiefernschonung grenzt, steht eine alte Fichte mitten in der Abendsonne. Hier ist gut verweilen. Gemütlich an den breiten Stamm gelehnt, den wärmenden

Sonnenstrahlen zugewandt, durchwandern die Gedanken noch einmal die Ereignisse der vergangenen Stunde.
Ringsum ist wohltuende Ruhe. Doch drüben, von den Eichen her, regt sich etwas. Ein Fuchs kommt geradenwegs in meine Richtung. So wie ich mit dem Baum „verschmolzen" bin, nimmt er mich, zumindest momentan, nicht wahr und Wind kann er auch nicht bekommen. Erhobenen Hauptes schreitet er stolz einher, aber absolut kamerascheu.
So vorsichtig wie nur möglich bewegt, ist der Sucher noch nicht einmal in halber Höhe, schwupps - saust das Füchslein davon. Schade, es hatte eine so schöne Aufnahme werden können. Vielleicht ein andermal, aus besserer Deckung.
Geruhsam soll der Tag heut' ausklingen. Die Kanzel, an der alten Kiefer, bietet sich dazu bestens an und man sitzt, den Umständen entsprechend, recht bequem. Hier lässt sich der Abendaustritt des Rehwildes gut abwarten. Sicher ist es bis dahin noch einige Zeit, aber die gefiederten Gesellen ringsum vertreiben diese recht kurzweilig. Durch das Glas gibt es immer etwas Interessantes und mitunter gar Lustiges zu sehen. Heute ist es, wie unschwer zu erkennen, ein recht verliebtes Pärchen, was sich langsam in Richtung Kanzel bewegt. An jedem Baum verhoffen sie in inniger Umarmung. Hoffentlich haben sie nicht gerade diese Umgebung zum Verweilen auserkoren.
So ist es nun mal, in Nähe der Stadt. Da bietet sich höchstens bei schlechtem Wetter die Gelegenheit, allein zu sein. Geraume Zeit vergeht zwar noch, bis sie das Gelände durchquert haben, dann sind sie letztendlich, hinter der Kuppe, den Blicken entschwunden und es tritt wieder Ruhe ein. So mindestens erhofft. Etwa dreißig Meter hinter dem Ansitz fällt das Gelände in eine kleine Lichtung ab, die wohl recht einladend sein muss. Zu sehen und auch zu hören ist nichts, aber es fliegen einige Kleidungsstücke munter durch die Luft. Es ist eben Frühling allerorten!
Der Abend taucht den Horizont in ein glühendes rot. Ganz allmählich senkt sich die Dämmerung über die Landschaft und nun

endlich kommt von hinten her Bewegung in den Wald, was auf das entfernen der unerwünschten „Frühlingsanbeter“ hoffen lässt. Das Erstaunen ist kaum zu beschreiben, als nach einem verstohlenen Blick, aus dieser Richtung ein ganz ansehnlicher Keiler auftaucht. Geradenwegs, ganz knapp an der Kanzel vorbei, quert er die Wegsenke, um im selben Moment schnurstracks zu wenden und in selber Richtung zurückzupreschen. Das alles stört da hinten niemand. Es muss wohl so sein: „Liebe macht blind.“
Es wird wohl heute nicht mehr viel werden, mit geruhsamer Tierbeobachtung. Der Heimweg führt am „Waldhaus“ vorbei, da bietet es sich an, den Hausmeister wieder einmal, in seinem Heizungskeller, zu besuchen. Oft hat er ein vorgewärmtes Bierchen an seinem Kessel stehen. Der lange Nachmittag hat durstig gemacht und etwas Neues erfährt man meistens auch noch nebenbei. Licht scheint durch das Fenster, also ist er zu Hause. Auch der Jäger ist da. Nach dem langen harten Winter gibt es reichlich Gesprächsstoff über Wild und Natur. Dabei kommt er auch auf das schon wiederholt angesprochene Thema: „Wenn du so viel im Wald umherstreifst, kannst du auch zu uns kommen.“

In Grün

Forstbearbeitung und Jägerei haben sich in unserer Familie bereits über mehrere Generationen weiter vererbt. Dennoch hat sich daraus die Naturbeobachtung und Dokumentation stärker ausgeprägt als das Weidwerk, aber „steter Tropfen höhlt den Stein.“
Begegnungen mit Jägern bleiben nicht aus und nicht jeder ist unbedingt erbaut über den „Schleicher“ im Wald. Mit den meisten hat sich nach und nach ein recht gutes Einvernehmen herausgebildet und die gemeinsamen Fachsimpeleien haben wohl auch den „Jagdinstinkt“ geweckt. Den Ausschlag ergibt dann allerdings mehr eine Zufallsbegegnung. Wieder ist es die Musik, die zusammenführt. Aus der ansässigen Jagdgesellschaft hat sich eine hervorragende Jagdhorngruppe herausgebildet und da zu den verschiedenen

Instrumenten, meiner musikalischen Betätigung, auch die Trompete gehört lässt sich die Entwicklung leicht absehen.
Einfach ist es freilich nicht, so auf Anhieb in der „Grünen Zunft“ Fuß zu fassen. Der Neuling soll nur erst einmal zeigen, was er auf dem „Kasten“ hat und sich in der Jagdhorngruppe bewähren, wozu es reichlich Gelegenheit gibt. Nicht nur zu jagdlichen Anlässen, ob draußen in der Natur oder in Zusammenkünften und Ausstellungen, auch zu manchen kulturellen Veranstaltungen gehört unsere Gruppe zum Programm.
Die Aufforstung von abgeholzten Flächen ist ein vordringliches Anliegen und wird zeitweilig durch Arbeitseinsätze unterstützt. Auch kann sich der Anfänger bei gelegentlichen Treibjagden nützlich tun. So erlernt sich, nach und nach, das „Einmaleins der Jägerei“ und mit der Zeit schaffen Anerkennung und Kameradschaft eine gute Basis.
Der Tag für das alljährliche „Jagdliche Schießen“, Übungen in verschiedenen Disziplinen für alle Mitglieder der Jagdgesellschaft, ist herangebrochen. Auf dem Gelände des Schießplatzes eröffnet die Jagdhorngruppe mit dem Signal „Begrüßung“, einschließlich der „Untermalung“ mit dem „Geläut“ der anwesenden Jagdhunde, diese Veranstaltung. Bei einer solchen Ansammlung von Grünröcken fehlt es natürlich nicht an einer gehörigen Portion „Jägerlatein“, deftiger Späße und kleiner Neckereien. Der Neuling wird dabei nicht ausgenommen.
Wer etwas erlernen will, muss es fleißig üben. „Du kannst meine Flinte nehmen“, macht einer ein freundliches Angebot. Sicher, wie sich später herausstellt, nicht ohne Hintergedanken. Denn, außer gelegentlich mit einem Luftgewehr noch nie mit einem solchen Gerät hantiert, bleibt der erwartete „Erfolg“ für die heimlichen Lacher nicht aus. Es ist eine doppelläufige „Zwölfer“. Kaliber zwölf und sechzehn sind ja mittlerweile geläufig, aber nicht die Tatsache, dass die niedrigere Zahl das größere Kaliber ist. Mit dem ersten Schuss auf die Scheibe, in senkrechter Aufstellung wie ein Zinnsoldat und dem gewohnten leichten Anlegen des Kolbens,

erfolgt im gleichen Moment eine gehörige Backpfeife mit einem Rückschlag, der fast einen Sturz zur Folge hat. Ein Jagdfreund aus der Horngruppe übernimmt schließlich, vor dem nächsten Schuss, die entsprechende Haltungskorrektur und die Unterweisung für den festen Anschlag des Kolbens an die Schulter.
So nach und nach, mit jedem weiteren Schuss, gewinnt die Sache an Ansehen. Sogar die Treffer liegen genauer und der heftige Rückschlag der Flinte lässt sich auch einigermaßen beherrschen. Anschließend geht es, nach Beendigung der Scheibenübungen, zum Tontaubenschießstand. Das ist nun ganz neu, aber nach einiger Zeit könnte es glatt zu einer neuen Sportart begeistern. Am folgenden Tag erscheint die rechte Schulter in den buntesten Farben und auch nicht ganz schmerzfrei. Die Begeisterung am „neuen Sport“ hat sich schnell wieder gelegt.
Das angestrebte Ziel, bald einmal Jäger zu sein, wird dennoch weiter verfolgt. So werden die Praxis des Weidwerks und die Hege des Wildes, bei jeder sich bietenden Gelegenheit, aber auch bei jedem Wetter, fleißig geübt und erlernt. So ist schließlich, nach intensiver Verarbeitung der einschlägigen Fachliteratur, die Jägerprüfung mit Erfolg bestanden und, wie es Brauch, auch zünftig „begossen“.
Zwei Reviere stehen zur Auswahl. Das eine mehrere Kilometer entfernt und das andere zu Fuß erreichbar. Wobei mit Sicherheit anzunehmen ist, dass in Nähe der Stadt der Wildbestand nicht allzu zahlreich sein wird, jedoch in der entsprechenden Jahreszeit und bei günstiger Witterung der homo sapiens um so häufiger auftritt.
So braucht es also keiner langen Überlegungen, für einen echten Jägersmann, um sich für das entferntere Gebiet zu entscheiden. Nur, das „Jägerblut“ kommt gar nicht so recht durch, bei der Entscheidungsfindung. In der Überzeugung, dass hier sowieso nicht die große Stütze zur Erfüllung des Abschussplanes heranreift, egal wie groß und artenreich das Revier auch ist, fällt die Wahl letztendlich für die Nähe aus. Hier kann man, so oft wie möglich, gleich zu Fuß hinaus und muss nicht für jeden Reviergang das Auto „bemühen“. Sich dort frei bewegen, wo es am interessantesten

erscheint und wie man es selbst für am besten hält, Ansitze für die Wildbeobachtung nach eigenen Vorstellungen errichten können und zu jeder Zeit in der Natur „zu Hause“ sein zu dürfen, ist wohl das in den Gedanken verwurzelte Grundanliegen dieser Bestrebungen.

Ein treuer Haus- und Jagdgefährte

Ob in den Erzählungen der Großmutter oder auf den chamoisfarbigen Fotos von Großvater und Urgroßvater, fast immer kam dabei auch ein Jagdhund mit vor. Also steht fest: Zu einem ordentlichen Weidmann gehört auch ein ebensolcher Hund. Von dem keimenden Gedanken, bis zu dessen Umsetzung, ist das wohl ein weiter Weg, so ohne jegliche Hundeerfahrung.
Die einzige, und dazu noch recht bescheidene Kenntnis, aus dem Umgang mit solcher Art Vierbeiner, besteht aus der damaligen Warnung der Tante, vor dem großen Hund ihres Chefs, der sich dann jedoch recht anschmiegsam und freundschaftlich benahm, was selbst seinen Herrn erstaunte.
Mit Literatur über Hundehaltung soll der theoretische Teil dieses Vorhabens erst einmal bewältigt werden. Praktisch sind allerdings die Vorstellungen noch ganz verschwommen, denn hierbei muss auch der Familie ein bescheidenes Stimmrecht eingeräumt werden. Bisher ist noch nicht einmal geklärt, ob kleiner Hund oder großer Hund, wobei sich diese Frage in unserer kleinen Wohnung quasi von selbst erledigt.
Ideal wäre ja ein Zwinger. Kein Käfig nur zum Wegsperren. So ein richtig schöner, mit Auslaufbereich und ordentlicher Überdachung, in dem sich ein Hund auch wohlfühlt, wenn Herrchen mal für einige Stunden nicht in der Nähe ist. Am Wohnhaus lässt sich diese fixe Idee nicht verwirklichen. Vielleicht besser auf Arbeit, mit der besteht eh so etwas wie eine „Verheiratung“ und die Entfernung ist nur kurz über die Straße.
Dieser Gedanke lässt einen gar nicht mehr los und ein Platz dazu bietet sich geradezu an. Hinter den Garagen, zwischen

Gebäude und Außenmauer, ist eine mit Unkraut verwachsene Bauschuttauffüllung. Das Gelände ordentlich herzurichten würde zwar einigen Aufwand erfordern, aber in der Vorstellung hat es schon fassbare Konturen angenommen. Es bliebe nur noch zu klären, was die dazu sagen, die etwas zu sagen haben.

Der formelle Teil dieses Vorhabens ist bald erledigt. Mit begeisterter Unterstützung des großen Sohnes, kommt das Bauwerk gut voran. Das Kernstück bildet eine mannshohe, einseitig offene Hütte, in der die eigentliche Herberge windgeschützt untergebracht ist. Der geräumige Auslauf ist, wie es sich für einen Jagdhund gehört, mit grünem Maschendraht abgeschlossen. In diesem Winkel ohnehin dem Publikumsverkehr weitgehend verborgen, erhält es nach vorn noch obendrein eine Buschbepflanzung und einen kleinen Vorzaun.

Die „Endabnahme“, aus dem Arbeitsbereich, fällt durchaus positiv aus. Nur etwas wird „bemängelt“: Es sei ursprünglich von einem Zwinger die Rede gewesen, nun sähe es eher aus wie eine Villa. Somit wäre also die Unterkunft fertig und zum Bezug freigegeben. Tränke und Futternapf stehen schon an ihrem Platz und am Pfosten hängen Leine und Halsband. Allerdings vergehen noch einige Tage, denn der Bewohner ist noch in mütterlicher Obhut.

Die durchaus nicht einfache Entscheidung, zur Rasse des künftigen Jagdgefährten, fand eine zügige Klärung, als uns eines Tages die beiden Irish Setter eines Bekannten begegneten, welche vom Verhalten und Aussehen in der Familie Gefallen fanden. Zur selben Zeit war die Hündin des Züchters in Weida gerade trächtig und es lagen noch nicht für alle sechs zu erwartenden Welpen Anmeldungen vor.

Idealer konnte es kaum sein. Woche für Woche das Wachsen und Werden der kleinen Tapse zu verfolgen und vor allem das Verhalten jedes einzelnen zu beobachten. So fand sich wohl, von Temperament und Eigenart, der passendste Welpe für den Hundehalterneuling. Zu dem im Zuchtbuch vorgesehenen Buchstaben „N“ entschied sich der Familienrat für den Namen Nico.

Der vereinbarte Tag der Übernahme, des kleinen Vierbeiners, ist herangerückt. In neugieriger Haltung, zwischen Zagen und Staunen, absolviert er, in einem gepolsterten, geräumigen Karton, seine erste Autofahrt. Lang ist die Fahrt nicht an diesem zeitigen Freitagnachmittag und das ganze Wochenende ist ihm reserviert, zur ausführlichen Anpassung in die ungewohnte Umgebung und seine neue Familie.
Die ersten Tage bekommt er den großen Zwinger überhaupt noch nicht zu Gesicht. Zu Hause, im Wohnzimmer, auf einer gebrauchten Wolldecke, ist sein vorläufiger Platz und die beiden vordringlichsten „Einführungskurse" sind die Gewöhnung an die verkehrsreiche Straße und eine möglichst umgehende Stubenreinheit.
Geräusche aus dem Straßenverkehr drängen bisher nur von ganz fern an seine Ohren. Und nun das - dieser Stadtlärm. Zuerst nur für wenige Minuten, dann immer ausgedehnter, in Sitzhaltung am Gehwegrand. Auch hieran muss so ein Tier gewöhnt werden. Mit viel sanftem Zureden und noch mehr Streicheleinheiten ist aus ihm, in wenigen Tagen, ein durchaus „straßenfestes" Hundchen geworden.
Je konsequenter, aber dabei durchaus freundlich und einfühlsam, eine Erziehung abläuft, umso schöner und anhaltender ist der Erfolg. Egal wie groß oder klein ein Tier sein mag, dem Halter erwächst daraus immer eine doppelte Verpflichtung, in einem großen Maß dem Tier gegenüber, aber auch seiner Umgebung.
Wider Erwarten klappt es mit der Stubenreinheit fast auf Anhieb. Einmal entsteht in der Wohnung eine kleine Pfütze, das aber wohl nur, weil Herrchen die Sache etwas verträumt hat. Allerdings erfordert solcher Erfolg einige Abstriche. Spät abends noch mal raus und am zeitigen Morgen, so um vier.
Wenn sich die Familie zur Nachtruhe begibt, liegt er zufrieden auf seiner Decke und hält brav aus. Die Zimmertüren sind ja offen, so bleibt ein Hörkontakt bestehen. Nach dem frühen Morgenspaziergang ist das dann allerdings ganz anders. Für ein oder zwei Stunden den unterbrochenen Schlaf fortzusetzen, gelingt

nicht. Aus der Wohnzimmerecke quiemt es zum Steinerweichen und gibt nicht eher Ruhe, bis sich sein Herrchen auf der Couch platziert und er sich auf den Teppich daneben legen darf.
Nach kurzer Zeit ist aus dem ungeschliffenen und verspielten Welpen ein durchaus „zivilisiertes" Familienmitglied geworden. Sogar die Eingewöhnung in seinen Zwinger funktioniert besser als erwartet. Dabei simuliert ihm eine getragene Socke, für die ersten Tage, die Nähe seines Herrn.
Die entscheidenste Voraussetzung, für den dauernden Aufenthalt, wird ganz ausgezeichnet erfüllt: Er ist ein schweigsamer Beobachter und bellt nicht bei jeder passenden Gelegenheit. Eine der guten Eigenschaften des Vorstehhundes.
Unter den Mitarbeiterinnen, seines „nachbarlichen" Bereiches, findet sein ruhiges Wesen bald Anerkennung und Zuneigung, die allerdings in einer weiten Skala reicht. Ganz verständlich, denn nicht jeder ist ein Hundefreund, doch auch Beziehungen zu Tieren können wachsen.
Der Arbeitstag beginnt nun etwas früher, denn vor Dienstbeginn ist immer ein kurzer Spaziergang angesagt. Das tut beiden gut, dem Hund wie seinem Herrn, allerdings auch bei jedem Wetter. Wenn es sich einrichten lässt, ist auch während der Mittagspause, so für zehn Minuten, eine kleine Runde drin. Nach Dienstschluss gehen wir gemeinsam nach Hause, und erst am Abend bezieht der Vierbeiner dann wieder seine Schlafstätte im Zwinger.
Zu den Mahlzeiten, wenn die Familie versammelt ist, liegt Nico brav am Kachelofen, bis - ja, bis Frauchen in die Erziehung eingreift und dem „armen Hundchen" ab und zu auch einen Bissen reicht. Nun sitzt er bei jeder Gelegenheit neben dem Tisch und zieht Geschmacksfäden. Ebenso, wenn er brav auf dem Mauersims vor dem Institut wartet, aber aus dem Souterrainfenster die Labormädels aufreizend mit allen möglichen Leckereien locken, muss ein Tier ganz sicher in Konflikt geraten.
Der wohl schwierigere und weitaus umfangreichere Teil der Ausbildung steht allerdings noch bevor: Den braven Familienhund zu

einem allseitig guten Jagdgebrauchshund zu formen. Lange ist es nicht mehr hin, bis zur ersten Prüfung. Ein fleißiger Assistent dabei ist unser jüngster Sohn, mein kleiner Jagdhelfer, der mit Begeisterung die Hasenschleppe legt und auch den Nico bei leichteren Aufgaben selbst führt.
So oft es die Zeit erlaubt, sind wir zusammen im Revier, zum Ansitz und auf langen Pirschgängen. Halsband und Leine sind nur mehr symbolisch dabei. Frei bei Fuß geht der Hund und reagiert auf das leiseste Kommando. Ein kurzes, geflüstertes „down“ hält ihn so lange am Boden, auch wenn Herrchen dabei außer Sicht gerät, bis ihn ein Ruf oder Wink erlöst.
Ob seiner guten Erziehung spendet auch manch Fremder mal dem Hund ein Lob, der Seinesgleichen ruhig begegnet, Radfahrer und Läufer gelassen passieren lässt und seine Notdurft nicht einfach auf dem Gehweg verrichtet. Wie viel Arbeit und konsequente Ausdauer allerdings dazu gehören, ahnen wohl nur die wenigsten.
Eine kleine Hasenjagd ist angesagt, die erste bei der sich der Junghund bewähren darf. Weit dehnt sich das wellige Gelände im leichten Dunst des Morgens und kreuz und quer stöbert der Hund voran. Ausgezeichnet macht er seine Arbeit, bis er plötzlich davon saust. Das „magnetische“ Übel ist schnell ausgemacht. Eine frischgeöffnete Silagemiete lässt ihren Duft herüber wehen, der selbst den weitaus unempfindlicheren Nasen der Menschen nicht verborgen bleibt.
Da beeindrucken auch die lautesten Pfiffe und Rufe nicht. Hier muss er sich erst ausgiebig „parfümieren“, dann kommt er, so hastig wie er losgeflitzt ist, auch wieder zurück, - freudig und stolz. Tadeln wäre jetzt gänzlich unangebracht, denn seiner Meinung nach hat er sich, für die hier anstehende Aufgabe, ganz toll getarnt. Allerdings können wir dann, nach Beendigung der Jagd, in dieser „Tarnung“ keinesfalls nach Hause fahren. Ein ausgiebiges Bad, im nächstgelegenen Teich, tilgt vorerst wenigstens einen Teil der penetranten Patina.
Wasserjagd wird ihm wohl, in dieser Gegend hier, kaum jemals groß

abverlangt werden, aber können sollte er es schon. Also üben wir auch das Apportieren aus dem Wasser. Bei der Wasserfreudigkeit dieses Hundes, so gar kein Problem. Im Gegenteil, mit beschwichtigenden Worten muss er an jedem Gewässer zurückgehalten werden, damit er nicht von selbst hineinsaust. Oft dazu noch in solchen Situationen, wo nicht viel Zeit zum Trocknen bleibt.
Sicher fühlte er sich gar nicht als echter Rüde, wenn er nicht auch gelegentlich probieren würde, der Dominantere zu sein. Das ginge ihm ja glatt gegen die Hundeehre. Einmal kraxeln wir einen steilen Hang hinauf. Auf vier Beinen ist man da natürlich schneller oben, wo er sich dann am Rand postiert und sein Herrchen zähnefletschend anknurrt. Ein andermal, beim Reichen seiner Mahlzeit im Zwinger, sein Herrchen setzt sich daneben, derselbe Einfall (oder Anfall?). Die eindringlichen Unterweisungen, wer wirklich Herr ist, mit natürlich anschließend gütigen Worten und reichlichem Tätscheln, überzeugen ihn schließlich. In Zukunft können - oder könnten - wir gemeinsam aus einem Napf speisen.
Auch ein Tier muss einmal zum Arzt und sei‘s nur wegen einer Impfung, da sind manch gute Erziehungs- und Haltungstipps zu erfahren. So fragt er auch den Hund, ob sich sein Herrchen mit ihm ordentlich kampelt. Aber selbstverständlich tun wir das, in ganz besonderer Weise.
Die Tante, im Thüringer Wald, fertigt eine spezielle Art Hausschuhe. Aus dicken Stoffresten, in Streifen geschnitten, entstehen die dort so genannten „Läppchenspatschen“. Warme Fußbekleidung für den Winter und aufreizender „Vergnügungsartikel“ für den Nico. Mit erwartungsvollem Blick geht er schon in Position, wenn in diesen Schuhen sein Herrchen das Zimmer betritt.
Auf der Couch oder im Sessel sitzend, strampeln ihm, im „Fahrradtritt“, die Füße entgegen. Schneller und schneller werdend, steigert er sich schnappend und knurrend in dieses Spiel hinein. Sein Frauchen steht dabei mit bangem Blick und der Mahnung: „Wenn der mal falsch versteht!“ Aber er versteht immer richtig. Nach einem kurzgesprochenen „Aus“ ist sofort wieder Ruhe, und mit

tätscheln und stupsen findet der Spaß einen fröhlichen Abschluss. Sehr beliebt ist auch Auto fahren, es bedarf gar keiner großen Aufforderung. Sobald sich der „Schlag“ des Trabants öffnet, nimmt er seinen Stammplatz ein. Im hinteren Fußraum, auf einer weichen Matte, macht er sich‘s bequem, streckt sein Haupt zwischen den Sitzlehnen hindurch und legt es auf Herrchens Oberschenkel ab. Dabei lässt es sich eine ganze Weile aushalten. Auch recht so, denn eine Fahrt zu den Schwiegereltern ist immerhin gute einhundertdreißig Kilometer, --- und das zieht sich, mit dem Trabi.

Nico ist hier schon wie zu Hause, und mittlerweile auch im Dorf bekannt, was nicht unvorteilhaft ist. Als ihm eines Tages das Zuschauen bei der Feldarbeit zu langweilig wird und er sich, durch den Ort, in Richtung Wohnhaus davon macht, wissen die Anwohner wenigstens, wo der Streuner hingehört.

Bei einem Spaziergang, auf den altvertrauten Wegen, begegnen wir dem Spielmannszug des Ortes, der vor dem Brauereigasthof sein Können zum Besten gibt. Noch in einiger Entfernung setzen die Trommeln und Hörner eben zum nächsten Stück an, wobei Nico zwar aufmerkt aber kaum weiter reagiert. Justament in dem Augenblick, als die Gruppe erreicht ist, setzen die Querpfeifen ein. Was für eine Wirkung: Solches Jaulen, mit Sprangen und Purzelbäumen, hat dieser Hund noch nicht von sich gegeben. Im Eilschritt versuchen wir der Tortur zu entrinnen. So interessant solcher Bummel durch die Straßen auch sein kann, oder die lange Hatz neben dem Fahrrad, sein Metier ist und bleibt die jagdliche Pirsch. Hier kann er mit Herrchen stundenlang durch die Landschaft streifen, bergauf und bergab. Entsprechender Appetit stellt sich auf diesen Ausflügen immer ein, und redlich teilen wir uns die belegten Brote.

Lange schon hat er die „Jugendflausen“ abgelegt, als er noch von dem gereichten Bissen nur die Wurst akzeptierte, und das Brot fein säuberlich, wie aus einer Sortiermaschine, zwischen den hochgezogenen Lefzen, wieder herauskam. Auch das gelegentliche Umherstromern, wenn es einmal zu langweilig wurde, interessiert

ihn nicht mehr. Ganz und gar auf sein Herrchen eingestellt, ist er der vollkommene Jagdgefährte.
In seinem Eifer, dem Jäger alles Erreichbare zutreiben zu wollen, was es ihm wert erscheint, kennt er kaum Grenzen und auch kein Maß. Das birgt so manche Überraschung, wie auf dem Weg aus dem Revier. Die Flinte ist bereits entladen. Nur noch ein kurzes Stück quer durch den angrenzenden Wald. Gemeinsam, auf dem schmalen Trampelpfad zum oberen Weg, in Gedanken versunken, gemächlich heimwärts trottend, bleibt Nico wie angewurzelt stehen, um plötzlich in das Gewirr aus Brombeerranken und hohen Gräsern davon zu preschen. In vier bis fünf Meter Entfernung drückt er einen starken Keiler aus dem dichten Buschwerk, mit dem sich, so augenblicklich, gar nichts anfangen lässt - der Überraschungsmoment halt weitaus länger an, als das Tier überhaupt zu sehen ist.
Nach kurzer Hatz kommt er in Erwartung eines Lobes, was er auch bekommt, wieder zurückgeflitzt. Aber, wie er aussieht. Das rotbraun glänzende Fell ist staubig und zerzaust, voller Kletten und dürrer Fichtennadeln.
Im Allgemeinen könnte wohl ein Jäger, bei den meisten Gängen ins Revier, durchaus ohne Hund seine jagdlichen Aufgaben erfüllen, allerdings wäre er dann sicher um manch schöne Erfahrung ärmer. Immer gelehrig und aufmerksam, mit den Jahren auch ruhiger und gesetzter geworden, hat sich dieser vierbeinige Jagdgefährte zu einem treuen Begleiter und ruhigen Kumpel entwickelt. Nur für die Angelei bringt er scheinbar nicht das richtige „Verständnis“ auf - er badet zu gerne.

Der Vagabund

Der Frühling versucht schon, hier und da, vorsichtig um die Ecke zu gucken, aber noch hält der Winter das Land fest im Griff, und es hat auch nicht den Anschein, als ob er bereit wäre, das Feld

so ohne weiteres zu räumen. Über Nacht hat noch einmal eine dicke weide Decke die Landschaft überzogen und die frische Ostluft tut ein Übriges, dass es auch eine Weile so bleibt. Eine günstige Gelegenheit, in dem Neuschnee das Revier ein bisschen abzufährten, um zu sehen was sich draußen so alles bewegt. Viel Zeit bleibt dazu nicht, an den kurzen Nachmittagen, denn gar zu schnell legt sich die Dämmerung über den Wald. Die in weiß getauchte Landschaft gewährt allerdings auch beim Abendansitz gute Beobachtungsmöglichkeit durch das lichtstarke Glas, und es ist immer wieder ein erbaulicher Anblick, wie vertraut sich alles Getier in der abendlichen Landschaft verhält.
Nachdem das Wild eingewechselt ist und rundum alles ruhig bleibt, wird es Zeit den Heimweg anzutreten. Leicht fröstelnd, mit hochgeschlagenem Mantelkragen, finden allmählich, beim Stapfen durch den winterlichen Wald, die „Lebensgeister“ ihren gewohnten Rhythmus wieder. Draußen auf der Landstraße ist um diese Zeit sehr wenig Verkehr. Einige Autos rollen vorbei, kaum beachtet, denn in der Senke ist es besonders kühl, und da eilen die Gedanken schon mal voraus, an den warmen Ofen zu Hause. Eins dieser Autos steht dann vor der Haustür. Sein Fahrer, ein alter Bekannter, auch Jäger, empfängt mich mit einem begeisterten Redeschwall: „Hast du diesen Trumm gesehen? Kaum nachdem ich in der Senke an dir vorbei war, ist dieser Wummi kurz vor mir über die Straße gewechselt, ich hatte ihn bald noch mit dem Auto angefahren.“ Er findet gar nicht so die rechten Worte, um diesen wirklich großen Keiler auch entsprechend zu würdigen. Leider habe ich ihn nicht zu Gesicht bekommen.
Wenigstens die Schalenabdrücke sollte man sich einmal ansehen. Am nächsten Morgen muss soviel Zeit übrig sein, denn bis zum Nachmittag könnte es möglicherweise wieder Neuschnee geben, dann wäre sicher nichts mehr zu finden. Der „Schauplatz“ ist ja gleich in der Nähe. Kaum, dass es richtig Tag ist, wird die kurze Wegstrecke zurückverfolgt. Langes Suchen ist nicht nötig, die gewaltigen Trittsiegel sind nicht zu übersehen, dazu das Ausmaß

der Fährte. Ein großer Mensch hätte sicher Mühe, eine solche Schrittlänge ohne Sprünge vorzulegen.
Nach dieser Begegnung ist es verständlich, dass die jagdlichen Aktivitäten noch weiter ausgedehnt werden. Doch ob Abendansitz, Morgenansitz oder Pirsch, von diesem Keiler ist weder etwas zu spüren geschweige denn zu sehen. Nun ist ja Schwarzwild in diesem Gebiet ohnehin nicht als Standwild einzuordnen, es vagabundiert weit durch die Umgebung. Einmal hält es sich hier für eine Weile auf, dann wieder an ganz anderer Stelle, um schließlich für längere Zeit ganz weg zu bleiben. So ist mittlerweile der Sommer ins Land gezogen, ohne dass je von diesem Keiler auch nur einmal das kleinste Zeichen sichtbar wurde. Eine Rotte Schwarzkittel treibt sich wieder hier umher. Ganz verständlich, denn draußen reift der Mais auf den Feldern. Die alte Suhle, in dem ausgefahrenen Waldweg, ist immer gut „besucht". Bei jeder Kontrolle sind die Spuren frisch, aber bloß die üblichen Schalenabdrücke. Es sind, außer zwei oder drei Bachen, hauptsächlich Überläufer und Frischlinge.
Um größeren Schaden von der Landwirtschaft abzuwenden, muss dieses Wild einigermaßen kurz gehalten werden, was allerdings einige Ausdauer erfordert. Eine Begegnung ist eher Zufall, hält es ja nur selten feste Wechsel ein, wie anderes Schalenwild. Sitzt der Jäger am Feld an, zieht es durch den Wald. Postiert sich der Jäger im Wald, „pflügt" es in ganz anderer Richtung den Boden. Nur unzählige Ansitze führen hier zum Erfolg.
Wieder einmal das ganze Gebiet so richtig bei Tageslicht zu durchstreifen, bleibt dieses Wochenende einem ausgedehnten Pirschgang vorbehalten. Dabei wird auch der alte Fuchsbau, in dem steilen Hang der Schlucht, eingehend inspiziert, und wie es aussieht ist er noch befahren. Der Horst des Mäusebussard, auf der hohen Kiefer drüben an den Feldern, hat die Frühjahrsstürme einigermaßen heil überstanden, allerdings hat es weiter oben, an der kleinen Lichtung, etliche Fichten erwischt, die nicht so standfest waren, wovon nun einige kreuz und quer im Bestand lehnen.

Die Wächter des Waldes sind auf ihrem Posten. Der schmale Weg zwischen Schonung und Hochwald ist noch nicht erreicht, rätschen die Eichelhäher und melden den Störenfried weiter. Hier kommt nur selten Jemand entlang. In der Senke steht nach jedem Regen oft tagelang das Wasser, und schon von weitem ist an dieser Stelle ein Malbaum zu erkennen. Hier hat einer „gebadet". Es ist nicht die Suhle einer ganzen Rotte. Nur ein Einzelgänger hat sich gütlich getan. Der große Keiler. Beeindruckend, die Abdrücke seiner gewaltigen Schalen. Nach dem wohligen Suhlen hat er sich noch ausgiebig, an der alten Eiche, die Schwarte geschrubbt.
Eigentlich sollte der alte Hochsitz, weiter oben am Weg, demnächst beseitigt werden. Der Bewuchs hat sich hier mit den Jahren so verändert, dass in dem wenigen Freiraum ein sicheres „Ansprechen" des Wildes kaum mehr möglich ist. Nur die Senke lässt sich von der Leiter aus noch recht gut einsehen. Nun bleibt sie vorläufig stehen, doch es regt sich in nächster Zeit nichts mehr. Nicht ein einziger neuer Schalenabdruck kommt hinzu, und die alten vergehen wieder. Mit jedem Regenschauer schwinden sie ein wenig mehr, und so bleibt es, bis ein neuer Winter wieder alles mit Schnee bedeckt.
Mit den Wintermonaten kommen neue Aufgaben. Die Festtage rücken näher. Von dem großen Vagabunden spricht keiner mehr, es hat ihn auch niemand mehr gesehen. Im Revier ist es still geworden. Das Wild hat sich auf die karge Zeit eingestellt und der Jäger hält, außer auf übermäßiges Raubzeug, möglichst „Hahn in Ruh".
Mittlerweile ist draußen alles dick verschneit. Die ersten Tage des neuen Jahres sind trist und nebelig. In der zweiten Januarhälfte dreht der Wind, die Luft wird klarer und kälter. „Väterchen Frost" hat das Land fest im Griff. Die Quecksilbersäule im Thermometer klettert selbst am Tage kaum über zehn Grad unter Null. Die schrägstehende Sonne lässt die Landschaft glitzern und lockt raus in die Natur.
Am Samstag, gleich nach dem Mittag, geht es ins Revier. Die Füße werden in halbhohen Filzstiefeln warm gehalten, und im

Übrigen liegt nur die leichtere „Montur“ an. Der Körper hat ja auf der Pirsch reichlich Bewegung. Durch die vorausgegangenen tagelangen Nebel und den anschließenden Kälteeinbruch ist der Schnee verharscht, und ein geräuschloses Gehen ist so kaum möglich, aber deshalb ist es nicht weniger schön. Rundum alles in weiß. Die vereisten Zweige und Nadeln der Bäume funkeln in den Strahlen der Nachmittagssonne, die wohl mehr nur gedanklich ein bescheidenes Gefühl von Wärme aufkommen lassen.
Schon bald versinkt der winterliche Glutball hinter dem Horizont und die Atemluft bildet Rauhreif auf der hochgeschlagenen Kragenkante. So wird es Zeit, die Schritte langsam heimwärts zu lenken. An der kleinen Kanzel, vor der Kiefernschonung, kommt die Idee auf, vielleicht, für ein halbes Stündchen nur, den hereinbrechenden Abend in Ruhe und Beschaulichkeit zu genießen. Die Kanzel ist dick verschneit, und hier ist es auch recht zugig. Wenn schon, dann lieber unten, auf der Leiter an den Fichten.
Die ersten Minuten sitzt es sich gar nicht so unangenehm. Wohlig an den starken Baumstamm gelehnt, die Hände tief verstaut, lässt es sich einigermaßen aushalten. In kurzen Sprüngen durchwandern die Gedanken noch einmal den sonnigen ruhigen Nachmittag und ab und an gleitet der Blick, durch das lichtstarke Nachtglas, über die Umgebung. Mittlerweile ist es dunkel geworden und der Schnee taucht den Wald in ein diffuses Dämmerlicht.
Wie hingezaubert, stehen auf einmal mitten auf dem Weg drei Stück Rehwild. Ganz vertraut ziehen sie gemächlich in den Eichenwald. Aber dieses Idyll währt nicht lange. Plötzlich werfen sie auf, sichern nur kurz und springen in hohen Fluchten ab. „Wer mag so spät noch durch den dunklen Wald gelatscht kommen?“, drängt sich die Frage auf. In Stadtnähe muss man ja bei gutem Wetter immer mit Störungen rechnen - doch bei diesem Frost. Angespannt bleibt das Glas auf den Weg gerichtet und nur kurz wird die Geduld auf die Probe gestellt. Welches Erstaunen! An gleicher Stelle tritt ein Stück Schwarzwild in den Sichtkreis. „Ein recht stattliches Stück, nur etwas zu weit für einen sicheren Schuss mit der Flinte“, sind so

die Gedanken. Was aber da hinterher kommt ist kaum mit Worten zu beschreiben. Ein massiger Schwarzkittel, fast wie ein Bär. Noch nie gesehen, immer nur, beim Anblick der Fährte, geahnt: Es ist der „Vagabund“. Ein Keiler, wie man ihn nur selten, oder nie, zu Gesicht bekommt.

Nicht nur der Anblick allein, auch die Geräusche, die dieser Bursche verursacht, sind äußerst beeindruckend. Mittlerweile in den Eichenwald hineingezogen und somit zeitweilig dem Anblick verborgen, sind jedoch seine Aktivitäten nicht zu überhören. Es

kracht und prasselt, als sei eine Brigade mit Zerkleinerungsarbeiten beschäftigt. Und dieses Treiben setzt sich schier endlos fort. Gewöhnlich ist so ein „Hauptschwein“ ein Einzelgänger, was ja die vorgefundenen Fahrten in der Vergangenheit bestätigt haben. Aber es ist Rauschzeit, da wird wohl seine Begleitung eine Bache sein. In weitem Halbkreis durchstöbern die beiden den Eichenwald und rundum scheint es, als hält die Natur den Atem an, um diesem Schauspiel zu lauschen.
So ausgiebig, wie sich der „beschauliche“ Abendansitz gestaltet, war er gar nicht erwartet. Mittlerweile fängt der ganze Körper an zu schlottern, ob vor Kalte oder Aufregung, sei dahingestellt. Es wird wohl von beidem etwas sein. Es fehlt nur noch, dass die Stiefel auf der Leiter klappern. In dem lichten Bestand sind die beiden Tiere sehr gut zu beobachten, aber auf Schussnähe kommen sie nicht heran und an ein Anpirschen ist bei dieser verharschten Schneedecke nicht zu denken. Höchstens in Strümpfen, aber wo lässt sich anschließend gleich ein heißes Fußbad nehmen? Also, weiter zugucken.
Nach endlos dünkender Zeit treten die Akteure wieder ab und wechseln vor dem Graben in die Fichtendickung. Wenige Augenblicke sind noch die Läufe im Harsch zu vernehmen, dann ist rundum alles still. Bedächtig mühen sich die frostig klammen Glieder, Schritt für Schritt wieder in Bewegung zu kommen. Leider ist es zu duster, um die Auswirkungen dieses rumorenden Treibens in Augenschein zu nehmen.
Am folgenden Morgen wird der nächtliche Schauplatz besichtigt. Zwischen den mächtigen Eichen sieht es aus wie umgepflügt. Ja, richtige Trichter, mit geborstenen Baumwurzeln, tun sich in dem hartgefrorenen Boden auf. Welch gewaltige Kraft, in diesem urwüchsigen Tier. Ein prächtiger Keiler, wie man ihm hier nur ganz selten begegnet. Solange sich seine Aktivitäten nicht auf die umliegenden Felder ausdehnen, ist dies gar nicht von Schaden. Dem Waldboden tut eine „Durchlüftung“ solcher Art ab und an recht gut.

Im Herbst, in einem anderen Gebiet, über mehrere Dörfer entfernt, ereilt ihn das Schicksal der meisten Schwarzkittel. Während der Maisernte, mitten in einem großen Schlag, trifft ihn die Kugel eines Jägers.

Das Himbeerendesaster

Der große Sohn hat das Alter erreicht, in dem junge Leute ihre eigene Vorstellung von Freizeitgestaltung haben und auch die Ferien lieber mit Gleichaltrigen verbringen.
Die reifere Jugend ist zu einer Reise mit fernerem Ziel aufgebrochen, trotzdem verbringen wir wieder zu viert unseren Urlaub in der alten Heimat. Nico geht mit auf die Reise. Den elterlichen Hof kennt er schon. Er fühlt sich gleich wieder wie zu Hause, nur sein „Erinnerungsvermögen", dass er die Hühner gefälligst in Ruhe zu lassen hat, muss mit eindringlicher Ermahnung aufgefrischt werden. Das Federvolk scheint wohl seinen vorausgegangenen Besuch ebenfalls noch in Erinnerung zu haben, denn sie versuchen, bei seinem Anblick, umgehend gesicherte Positionen auf Holzstapeln und Schuppendächern zu erreichen und einige verschwinden gleich in ihrer Behausung.
Die nächsten Tage sind wir viel unterwegs. Die Wanderungen, durch die nähere Umgebung führen auch das Tal hinaus, wo am Fuß des Kienberges, zwischen Waldweg und Bahnlinie, die Brache der alten „Rodeländer" liegt. Seit vielen Jahren werden diese nicht mehr bewirtschaftet. Die Natur hat das Gelände zurückerobert, mit blühenden Gräsern und Stauden und einem artenreichen Buschwerk. Früher waren hier Hasen und Rebhühner zu Hause und das Schalenwild wurde durch hohe Gatter, entlang der Waldkante, von den Feldern ferngehalten. Das ist lange her und die Erinnerungen können unserem kleinen Sohn nur in der Erzählung vermittelt werden. Wie mitunter kräftige Hirsche, mit rasantem Anlauf, die Barriere trotzdem überwandten und meine kleine Schwester Renate (seine Tante, als diese noch im Kinderwagen saß)

in spontaner Begeisterung feststellte: „Auuu, die fahren Auto!“ Rebhuhn und Hase sind nur noch selten anzutreffen, dafür ist das Schwarzwild, zumindest seine in die Landschaft gezeichneten Aktivitäten, vermehrt zu sehen. Die Populationen von Reh- und Rotwild haben sich gut gehalten, aber so hoch brauchen die Hirsche nicht mehr zu springen, denn von dem einst weiten Gatter sind nur noch wenige Fragmente geblieben. Auch dieser hat sich die Natur bemächtigt und mit den Ruten von Brombeere und Himbeere überrankt.

Die reifen Früchte leuchten zwischen dem grünen Laub und bringen den „Wald der Himbeersträucher“, auf dem Kahlschlag hinter dem Schwimmbach, in Erinnerung. Ein verlockendes Ziel für den nächsten Tag. Der Anmarsch erscheint wohl etwas zu beschwerlich für die Familie, deshalb geht es gleich am Nachmittag auf die Suche nach einem günstigen Fahrweg.

Am frühen Morgen des nächsten Tages, bevor die Sommersonne die Landschaft allzu sehr aufgeheizt hat, ist Aufbruch. An der Wechmarer Hütte, unter einer breiten Buchenkrone, bietet sich für den Trabi ein gutes Plätzchen zum verweilen. Zu Fuß geht es weiter, Nico allen voran, hinaus in den schönen Tag. Bepackt mit kleinen Sammelkrügen und großem Wassereimer, wir haben uns ein hohes Ziel gesteckt. Dazu Frühstücksbrot und reichlich Getränke, denn schon lange hat unser Kleiner erkannt, dass der Mensch eine große Menge an Flüssigkeit zu sich nehmen muss. So ist die Trinkflasche bei jeder Unternehmung das wichtigste Requisit.

Eine herrliche Ruhe, da draußen. Der Alltagslärm dringt nicht bis hier herauf und nur selten „verläuft“ sich mal jemand in diese Gegend. Wohl eher begegnet man hier Fuchs und Hase. Am strahlend blauen Himmel ist nicht ein Wölkchen zu sehen, und über dem weiten Schlag liegt, aus der emsigen Artenvielfalt der Insekten, ein leises Zirpen und Summen. Lautlos tänzeln und flattern prächtig gefärbte Schmetterlinge um die hohen Blütenstängel.

Von der Waldkante her führt der schmale Weg hangabwärts durch den buntbewachsenen Kahlschlag. Hier umgibt uns ein

dichter Busch aus Himbeerranken, hoch gewachsen und kaum zu überschauen und voll schöner reifer Früchte. Ein Eldorado für die hinausgezogenen Beerensammler.
Waldhimbeeren „schmecken“ ja im Allgemeinen auch den Maden, doch ein „Testpflücken“ lässt nur ganz vereinzelt diese ungebetenen Fruchtbewohner erkennen. Somit kann frohgelaunt, gleich hier am Weg, die reiche Ernte beginnen. Nico sitzt brav auf Sichtweite und schaut dem Treiben der Familie zu.
Mit dem Arbeitseifer sollte es, zumindest im Urlaub, nicht zu arg übertrieben werden. Beim Sammeln merkt man gar nicht wie die Zeit vergeht, die Sonne steht schon recht hoch und eine Frühstückspause wird eingelegt. Himbeeren sind genug da und der Tag ist noch lang.
Ein gemütliches Platzchen findet sich hier überall. Die Sonne hat den Boden angenehm durchwärmt und die Graspolster geben bequeme Sitze ab. Anni hat den „Tisch gedeckt“ und draußen in der Natur schmeckt es doppelt so gut. Auch Nico pendelt zwischen seinen „Rudelmitgliedern“ hin und her, um seinen Anteil einzufordern.
Bei gemeinsamen Waldgängen ist es allemal üblich, dass wir die Wegzehrung miteinander teilen, aber im Moment erlischt jäh sein Interesse an der Fütterung. Sein Blick weist starr in eine Richtung. Auf dem Waldweg, kurz vor der Biegung, stehen drei Stück Rehwild und äugen verwundert zu den Fremdlingen. Der Wind steht günstig, Witterung können sie nicht aufnehmen. Nico wird, durch ein ganz leise gesprochenes „down“, flach auf dem Boden gehalten, bis die Rehe ohne Argwohn weitergezogen sind.
Nach dieser Begegnung wird Nico etwas mehr „bei Fuß“ gehalten. Die Beerenernte erfolgt nun im dichteren Busch, da ist es besser, wir bleiben näher beisammen. Ihm macht das nichts aus, er kriecht sowieso in alle möglichen Ecken. Das gilt hier ebenso für die Beerensammler, denn die süßesten Früchte hängen bekanntermaßen am weitesten oben. Nur der Eimer bleibt draußen, denn es wäre fatal, würde er in dem dichten Wirrwarr umstürzen.
Becher um Becher füllt sich der Eimer bis zum Rand und die

reiche Ernte lässt sich nun so holprig bergan ganz schon schleppen. Es ist ja Urlaub und in den eingelegten Pausen genießen wir dieses herrliche Panorama. Zu Hause sind dann die Meinungen über die beste Verarbeitung der aromatischen Beeren geteilt. Von der Großmutter ist noch in Erinnerung, dass die Früchte vor der Saftgewinnung gekocht wurden. Die anwesenden Frauen, und diese sind in der Überzahl, behaupten sich in ihrer Auffassung: „Nein, der Saft wird gleich kalt gepresst und auf Flaschen gefüllt." Nun, sei's drum.
Ein Töpfchen voll der schönen Früchte wird aber zuvor noch gekocht, als Beilage für den Vanillepudding. Eine kleine und --- damit auch einzige genüssliche Vorwegnahme, von der großen gemeinsamen Himbeerenernte. Nach wenigen Tagen stehen zwei weitere Varianten zur Auswahl: Entweder den gewonnenen Saft zu Schnaps verarbeiten oder alles auf den Misthaufen kippen. Die ganze Ausbeute von zehn Liter Himbeeren ist vergoren. Über die Kunst der Schnapsbrennerei ist hier so gut wie nichts bekannt, aber allerhand über natürlichen Dung. Also landet die vitaminreiche aromatische Ausbeute auf selbigem. „Konserviert" bleibt lediglich die Erinnerung an einen erholsamen Urlaubstag.

Brombeeren ganz anders

Weit draußen vor der Stadt liegt das Revier eines Jagdfreundes. Mit reichlich Ackerflächen, kleineren und größeren Gehölzen, sowie einigen kleinen Teichen. Hierher sind wir zu einer gemeinsamen Nachmittagspirsch aufgebrochen. Nico und Flinte sind zwar dabei, aber es soll mehr ein gemächlicher Gang sein, um zu beobachten, was sich hier alles, vor allem an Niederwild, noch bewegt.
Das Auto bleibt unten neben der Straße. Über dem Hügel geht es dann geraden Wegs, am Feldrain, auf ein kleines Waldstück zu. Nico, an der langen Leine, macht einen Hasen locker, der in der Eile den rechten Absprung verpasst, über den Rain hinweg einen gestreckten Salto dreht und danach flott weiter flitzt.

Hinter dem kleinen Gehölz dehnt sich beiderseits eine weite Ackerfläche und danach, in ganzer Breite, der Fichtenwald, mit einer tollen Überraschung: Das ausgedehnte Brombeerengebüsch, entlang der Waldkante, ist voller reifer Früchte.
Da soll nicht lange Zeit verstreichen. Am übernächsten Tag geht es mit meinem kleinen Waldläufer wieder raus. Nur so vermessen, wie im vergangenen Jahr, wollen wir nicht sein. Diesmal wird uns ein kleinerer Eimer genügen und die schönen Beeren werden sicher auch anders konserviert.
Nach der Anfahrt steigen wir frohgemut den kleinen Hang hinauf. Über der Anhöhe hat sich allerdings die Landschaft seit dem letzten Besuch auffällig verändert: Die LPG hat ihre Ackerflächen gekalkt und der Blick voraus lässt nichts Gutes ahnen. Etwas näher dann, offenbart sich wohl eine neuerliche „Beerenpanne". Der Wind hat ganze Arbeit geleistet und die schöne Hecke, in voller Breite, über und über „eingepudert".
Eine herbe Enttäuschung, nach so viel Vorfreude, aber mit leerem Behältnis wollen wir möglichst nicht nach Hause kommen. So durchstreifen wir das Gelände, auf der Suche nach weiteren Beerenhecken, aber nicht eine ist mehr zu finden.
Ein bescheidener Hoffnungsschimmer kommt auf, der aber, um eine weitere Enttäuschung zu vermeiden, noch geheim bleibt und nur rein „zufällig" geht es in die Richtung, wo auf einem früheren Pirschgang, in einem Kiefernwaldstück, Preiselbeersträucher zu sehen waren.
Zunächst kreuzt aber erst einmal der Weg die kleinen Teiche, wo im Schatten großblättriger Pflanzen, halbwüchsige Karpfen ruhig durch das Wasser ziehen. Verständlich, dass die Erkundung dieser Idylle einige Zeit beansprucht. Das interessante Gelände muss zumindest einmal in aller Ruhe umrundet werden.
In leichtem Anstieg geht es dann weiter. Hinter der nächsten Wegbiegung schimmern schon die hellbraunen Stämme der Kiefern und bald ist das lichte Waldstück erreicht, wo sich die kleinen Sträucher mit den dunkelgrün glänzenden Blättern und den roten

Preiselbeeren, zwischen niedrigem Buschwerk und Heidekraut, ausgebreitet haben. Welche Überraschung für meinen Begleiter. Da ist natürlich die Freude groß, dass wir Mutti noch Waldfrüchte mit nach Hause bringen werden.
Nach kurzer Zeit bedecken die Beeren schon fast den ganzen Boden des „halbwüchsigen“ Eimerchens, mit seinen fünf Liter Fassungsvermögen. Dabei ist das Sammelziel nicht etwa so vermessen, dass dieses Gefäß bis obenhin gefüllt sein muss. Es soll ja nur ein Ausgleich für die entgangene Brombeerenernte sein.
Das Sammeln dieser Früchte macht viel Spaß, lassen sich die Beeren manchmal gleich zu mehreren wie Trauben pflücken. Falls dabei, ab und an, einige halbreife mit erwischt werden, ist das kein Problem, die Preiselbeere reift auch noch gut zu Hause nach.
Mit der Zeit macht die Kriecherei über den Boden nicht nur hungrig, sondern vor allem auch durstig. Da wird schon gelegentlich eine erholsame Pause eingelegt. Gemütlich, auf einem Moospolster, lässt es sich aushalten.
Genüsslich, die herrliche Ruhe. Hoch über den Wipfeln, am strahlend blauen Himmel, treibt der sanfte Wind kleine weiße Wölkchen in nordöstliche Richtung. Unten im Grund rätscht ein Häher und gleichzeitig schreckt kurz ein Rehbock. Dann ist es wieder still, bis auf das monotone Werkeln des Großen Buntspechts und die allgegenwärtige leise Betriebsamkeit der kleineren Waldbewohner.
Gestärkt und ausgeruht, geht dann das Sammeln noch mal so gut von der Hand. Bald ist der Eimer über die Hälfte gefüllt. Tatsächlich wachsen hier von den kleinen Beerensträuchern viel mehr, als es zunächst den Anschein hatte und unser Sohn meint: „Vati, den Eimer kriegen wir bestimmt noch voll!“
Der Eimer ist tatsächlich voll geworden, was für ein Spaß, und Mutti wird sich auch darüber freuen. Zu Hause angekommen, ist auf dem Transport nicht eine Beere verloren gegangen und Mutti erfährt erst einmal, in ausführlicher Schilderung, warum die erwarteten Brombeeren so ganz anders sind.

Die neue Kanzel

Wie in der Landschaft, im Laufe eines Jahres, sich die Farben verändern, so verändert sich in mehreren Jahren mitunter ein ganzes Landschaftsbild. Je unberührter hierbei die Natur ihrem Selbstlauf überlassen bleibt, umso eindrucksvoller erscheint diese Veränderung. Altvertraute Fußsteige sind kaum mehr vorzufinden, ja selbst ausgefahrene Wege verwachsen und überwuchern so, dass sie sich nur noch erahnen lassen. Das sind allerdings seltene Ausnahmen, denn in unserer heimischen Umgebung greift der Mensch gar oft übertrieben regelnd ein, was dann als Intensivanbau, Flurbereinigung oder ähnlich bezeichnet wird. Nur wenige ausgewählte Schutzgebiete bleiben unberührt.
Doch auch der bewirtschaftete Wald verwandelt sich mit der Zeit. Die Jungpflanzen wachsen heran, alter Bestand wird gefällt und Kahlschläge wieder aufgeforstet. Mit dieser Wandlung ändert auch das Wild seine Gewohnheiten. Es nimmt andere Einstände an und zieht auf neuen Wechseln durch das Revier. Auch für den Weidmann bedeutet dies Standortwechsel, meist mit einem neuen Ansitz.
In dem übernommenen Revier ist solches Tun in doppelter Hinsicht erforderlich. Den vorhandenen Ansitzen sieht man ihre Altersschwäche, auch ohne Belastungsprüfung, schon von weitem an. Sie werden nach und nach alle einer Reparatur unterzogen oder ganz und gar, wo es noch sinnvoll erscheint, durch neue ersetzt, aber mancher hat auch mittlerweile auf seiner Position ausgedient und wird zu Brennholz verarbeitet.
Mit der Zeit hat sich eine gute Kenntnis des Wildbestandes und seiner Gewohnheiten entwickelt, und es wird der eine oder andere Standort, für einen neuen Hochsitz, durchaus sinnvoll befunden. Der alte Fuhrweg zwischen den Nadelgehölzen und dem Eichenwald ist so eine Stelle. An der Kante, zur schmalen Senke hin, steht eine starke Fichte, dort wird die neue Leiter errichtet. So bringt die Jägerei, außer der Hege des Wildes, auch mancherlei körperliche Betätigung, die in der frischen Waldluft recht förderlich ist.

Manch interessante Erfahrung haben die zahlreichen Beobachtungen von diesem Ansitz schon eingebracht. Das Terrain lässt sich von hier, nach beiden Selten und in den Eichenwald hinein, recht gut einsehen. Nur, so groß die Leiter auch ausgelegt ist, mit meinem kleinen Jagdhelfer zusammen reicht der Platz nicht aus. Für gemeinsame Wildbeobachtungen bietet sich lediglich die alte Kanzel weiter oben bei der Weggabelung an. Platz ist hier zwar reichlich, es ist aber bloß ein „Schönwetterausguck". An allen Seiten ist sie offen, nicht einmal von oben her bietet sie etwas Regenschutz, denn wie das in Stadtnähe so ist, bei schönem Wetter sieht man weitaus mehr Spaziergänger als Wild im Wald. Für den Jäger bleiben die zeitigen Morgenstunden oder wenn die übrigen Anwohner hinter dem warmen Ofen sitzen.
Dafür soll, zwischen den Eichen, eine geräumige Kanzel entstehen, von wo aus nicht nur beste Beobachtung möglich sein wird, sondern die auch, bei gelegentlichen Wetterüberraschungen, ausreichenden Schutz bietet. Genügend Baumaterial findet sich in den angrenzenden Fichtengehölzen, wo es gleich entsprechend bearbeitet wird.
Hierbei ist unser Jüngster, wie an den bereits vorausgegangnen Bauten und Reparaturen, mit Eifer bei der Arbeit. Mit einer Miniaxt werkelt er wie ein Fachmann und entästet die schwächeren Stämme fein säuberlich bis in die Spitzen.
Sobald die Vorbereitungen abgeschlossen sind, werden die Hölzer gemeinsam an Ort und Stelle transportiert und das Werk kann beginnen. Eine Vorstellung, wie es aussehen soll, ist schon vorhanden. Das Ganze muss zunächst am Boden liegend gezimmert werden und so, dass es dann möglichst ohne Korrekturen in der vorgesehenen Richtung steht.
Nachdem der Rohbau fertig ist, sind an einem zeitigen Frühjahrsmorgen zwei Weidgenossen mit zur Stelle, um beim Aufrichten der Kanzel behilflich zu sein. Nach dem Motto: „Gemeinsam sind wir stark", klappt die Sache ganz prima. Lediglich der Boden muss an zwei Stellen etwas bearbeitet werden, um die Konstruktion in das rechte Lot zu bringen.

Nun beginnen die Feinarbeiten: Die Fertigstellung des Fußbodens und einer Sitzbank, sowie das Anbringen der Außenverkleidung. Das alles aus naturbelassenen Hölzern, denn die Kanzel soll sich möglichst harmonisch in die Umgebung einfügen, wobei die Brüstung eine freie Rundumsicht gewährt und das überstehende Dach den eigentlichen Wetterschutz bietet.
Zuerst muss das Gerüst sicher verankert werden, damit es der nächste Sturm nicht wieder umschmeißt. Stabile Fichtenstangen stützen es von hinten her und zu den Seiten hin. Ein Zugseil wird an der Brüstung befestigt, um damit das Baumaterial nach oben zu ziehen.
Kaum sind diese Vorbereitungen abgeschlossen, erklingt von der Senke her eine Stimme: „Hallo, Vaaatii!“ Mein kleiner Jagdgehilfe kommt, freudig winkend, durch den Busch der Anflugfichten. Auf dem Rücken seinen von Regen und Sonne ausgebleichten Rucksack. Strahlend berichtet er, dass zwei Schulstunden ausgefallen sind und die Mutti ihn schließlich, nach langem Bitten, mit reichlich Proviant hat losziehen lassen. Sicher nicht ohne die üblichen mütterlichen Bedenken und eindringlichen Ermahnungen, denn es ist ein langes Stück Weg durch den Wald.
Jetzt geht die Arbeit doppeltflink von der Hand, denn unten ist nun ein fleißiger Helfer, der das jeweils benötigte Material an das Seil windet. So ist dann zur Frühstückspause schon die erste gemeinsame Sitzprobe auf der neuen Kanzel. Fertig ist sie zwar noch nicht, aber das Gefühl, wie die künftigen Ansitze hier oben sein werden, vermittelt sie bereits.
Bis zum etwas verspäteten Mittag, vom gemeinsamen Enthusiasmus angetrieben, ist es tatsächlich geschafft. Die neue Kanzel ist rundum fertig. Sie macht sich gut, inmitten der alten Eichen. So knapp neben einem Baum, unter den überhängenden Ästen, wirkt sie kaum als Fremdkörper. Um die „Baustelle“ herum werden noch alle Arbeitsspuren beseitigt. Die angefallenen Schnittreste kommen als Brennholz in den Rucksack, dann geht es flugs nach Hause. Mutti wird schon mit dem Essen auf uns warten.

Noch am Kaffeetisch dreht sich das Gespräch um den Bau der Kanzel. „Wollen wir heute nicht noch einmal raus?“, kommt dabei die Frage auf. Natürlich wollen wir. So viel Arbeitseifer soll schließlich auch belohnt werden. Will er doch mit seinem kleinen Fernglas möglichst viel in der Natur beobachten. So lässt uns Mutti gut versorgt und dem abgegebenen Versprechen, dass es nicht so spät wird, wieder von dannen ziehen.
Am späten Nachmittag, nachdem sich die Sonne hinter einem dunklen Wolkensaum verkrochen hat, wird es recht kühl hier draußen. In die leichten Lodenmäntel gehüllt, sitzt es sich aber durchaus angenehm. Die Doppelflinte lehnt gesichert an der Brüstung und gesprochen wird, wenn überhaupt, nur im Flüsterton. Ein leichter Stups, ein Blick oder Fingerzeig reichen als Verständigung aus. Langweilig wird es dabei nie. Selbst dem kleinen Bockkäfer, mit seinen gesprenkelten Flügeldecken und den langen Fühlern, ist interessant zuzuschauen, wie er gleich nebenan, flink über die tiefgefurchte Rinde der Eiche hastet.
Ein „Stockwerk“ weiter oben, in dem abgestorbenen Seitenspross einer Buche, macht sich eifrig ein Buntspecht zu schaffen. Von hier aus lässt sich, mit dem Glas, das Flugloch zur Höhle gut einsehen und vielleicht wird in nächster Zeit das lautstarke Betteln hungriger Jungspechte nicht zu überhören sein. Ist es doch immer wieder interessant, wie unermüdlich Vogeleltern, von früh bis spät, ihre Nachkommen versorgen. Eine unrühmliche Ausnahme macht hierbei, als „Faulpelz“, der allbekannte Kuckuck, der diese schwere Aufgabe unwissenden Pflegeltern überlässt.
Wer beim Ansitz auf Hochwild wartet, muss sich in Geduld üben, aber die Natur hat so viel Interessantes zu bieten, dass die Zeit rasch verstreicht und sich alsbald die Abenddämmerung über die Landschaft legt. Die „heimliche Stunde“ im Wald, die kurze Spanne zwischen Tag und Nacht. Ringsum wird es immer leiser. Das Konzert der Vogelstimmen verstummt nach und nach, hier und da noch ein zaghaftes Piepsen, schließlich ist alles still. Ein Hase hoppelt gemächlich durch das dürre Laub, hinüber zu den Fichten, dann ist wieder Ruhe.

Das ist die Zeit des Schalenwildes. Schon ist es zu sparen, ein leises Knacken kündigt es an. Ganz behutsam zieht es durch den Busch, ab und an verhoffend, bis es mit einemmal mitten auf dem zerfurchten Hangweg steht. Ein kleiner Sprung Rehe, die sich nicht lange aufhalten. Zielstrebig ziehen sie quer durch den Eichenwald, raus auf die Felder.
Vielmehr Anblick wird es wohl heute nicht geben, und so ist es Zeit zum Abstieg. Schön war der erste Ansitz auf der neuen Kanzel. Auf dem Heimweg fühlt sich ein Rehbock gestört, der lauthals schreckend abspringt und aus dem dichten Geäst der alten Fichten ruft ein einsamer Waldkauz sein „huhu-uhukuit“ in die Dunkelheit des späten Frühlingsabends.
Sei es nun ein Pirschgang durch das Revier, ein Ansitz an der Feldkante oder Fichtenschonung, am häufigsten zieht es Vater und Sohn auf die neue Kanzel. Zu jeder Jahreszeit ist hier Interessantes zu entdecken. Wie beschaulich ist es, wenn die Rehricke ihr geflecktes Kitz durch den Wald führt, noch so unsicher auf seinen Läufchen. Die Alte sichert immerfort in alle Richtungen, damit ihrem Nachwuchs nichts Böses widerfährt. Oder ein anderes Mal, als die Rotfuchsfähe, drüben am Hang entlang, mit einer Stockente im Fang, eilig dem Bau zustrebt um ihre Welpenschar zu versorgen. Das vollzieht sich freilich, vor den Augen des Betrachters, nicht alltäglich und ist gleichzeitig Erholung und Entspannung.
Vom biologischen Verständnis her ist kaum anzunehmen, dass ein Eichenbaum Fichtenzapfen abwirft, aber dennoch liegen darunter, auf der Wegkreuzung verstreut, eine große Menge solcher Samenträger, allerdings ein wenig zerzaust. Wie dieses Rätsel verwundert, so interessant und spaßig ist die Lösung. Es ist der Vesperplatz, auch Spechtschmiede genannt, des Großen Buntspechtes, der nun so groß auch wieder nicht ist, er heißt nur so, weil er der größte unserer drei heimischen Bunten ist.
Dieser Vogel kommt mit einem gepflückten Zapfen, der fast so groß ist wie er selbst, aus den Wipfeln der nahen Fichten herüber und klemmt ihn umgekehrt in eine Astgabel der Eiche, um daraus

die nahrhaften Samenkörner zu verzehren. Unermüdlich ist er dabei. Ab und an wird der Zapfen in seiner „Halterung“ um einige Schuppenreihen gedreht, bis er so ziemlich leergefuttert ist, dann bekommt er einen Schups nach unten und flugs geht es wieder in die große Vorratskammer des Waldes, zur Nachschubbeschaffung. Einige Kilo wird er auf diese Weise schon transportiert haben.

Putzig auch, das Treiben des rot bekappten bunten Zimmermanns zur Paarungszeit, wenn er seine „Frühlingsgefühle“ in die Welt hinaus trommelt. Hatte doch einer, draußen auf der Ortsverbindungsstraße, die Blechhaube einer Straßenlaterne zu seiner Verwendung entdeckt. Da schepperte, so manche Tage, der helle Klang der Liebestrommel weit und unermüdlich über die Landschaft.

Nicht einfach ist mitunter die Wahl zwischen Flinte und Kamera, aber auf der Jagd muss auch hin und wieder geschossen werden, so es Hegeziel und Abschussplan erfordern und so wird manch verpasste Aufnahme, weil Foto- und Filmkamera zu Hause liegen, im Nachhinein durch den Zeichenstift der späteren Erinnerung bewahrt.

Ein erhabenes Bild, wie zwischen dem jungen Buschwerk ein starker Rehbock steht, erhobenen Hauptes und die Lauscher aufgestellt. Das gutausgebildete Gehörn, mit den prächtig geperlten Rosen, schimmert im fahlen Mondlicht. Irgendetwas tut sich in der Umgebung, denn plötzlich springt er ab. Zwei Stück Schwarzwild kommen weiter unten angeprescht und sind so schnell wieder verschwunden wie sie aufgetaucht waren.

Ringsum ist es wieder still und auf dem Heimweg unterhalten wir uns über den schönen Abend, die Jagd und das Angeln.

Zwischen Schilf und Fließ

Angler möchte er werden, unser jüngster Sohn. Die schönen Stunden am Bodden und die interessanten Ausflüge mit Onkel Harald, an die Gewässer im Thüringer Wald, haben bleibenden Eindruck hinterlassen. Aus dem gelegentlichen Ferienspaß soll

eine dauerhafte Freizeitbeschäftigung hervorgehen, mit Prüfung, Berechtigungsschein und allem Drum und Dran.
Gemeinsam gehen wir das Vorhaben an, denn es ist sicher nicht von Nachteil, wenn ein Weidmann auch etwas von der Fischweid versteht. Der Anlauf gestaltet sich zunächst etwas zögerlich. Wir kennen hier in der Nähe keinen Angler, geschweige denn einen Angelverein.
Freunde und Bekannte gibt es eine ganze Menge. Man nimmt sogar an, sie gut zu kennen. Mitunter bleiben aber gerade die angenehmsten Seiten, wie sich manchmal herausstellt, viel länger verborgen. So auch bei Heinz, zu dem auf geschäftlicher Basis schon seit vielen Jahren ein freundschaftliches Verhältnis besteht. Da liegt eines Tages in seinem Büro auf dem Schreibtisch, zwischen einer ganzen Menge Geschäftspapieren - ein A n g e l b u c h !
Ja, schon ein alter erfahrener Angler ist er und mit einer großen Begeisterung „pflegt“ er sein Steckenpferd. Das ist in jeder Phase des, so rein zufällig gefundenen, fast unerschöpflichen Gesprächsstoff zu spüren. Es bedarf kaum einer weiteren Frage, selbstverständlich kommen wir zu ihm in den Verein. Gleich in der nächsten Versammlung wird er uns vorstellen. Prophezeiend fügt er hinzu: „Du wirst sehen, wenn du das Fischen so richtig kennen gelernt hast, gibst du die Jägerei auf.“ Da kann ich ihm ganz sicher widersprechen, denn meine Welt ist der Wald.
Der Anfang ist also gemacht. Nun heißt es Neues lernen. So nach und nach die Geheimnisse unter Wasser aufzuspüren und die Handhabung der verschiedensten Angelgeräte zu üben. Zunächst mit ganz feinem „Zeug“, der Stippe auf Plötzen und andere Weisfische. Das Gespür für den Anbiss und Anhieb herausbekommen, sonst ist der Haken meist leer und das Ganze gestaltet sich mehr zu einer Fütterung der Fische.
Bei jeder Gelegenheit und fast jedem Wetter geht es an die Gewässer der näheren Umgebung. Das sind meist kleinere Teiche mit unterschiedlichem Fischbesatz. Da wird oft, neben der leichten Stippe, eine etwas schwerere Montage auf Grund für einen besseren

Fang ausgelegt und aus den Augenwinkeln mit beobachtet, aber außer ein paar untermaßigen Karpfen hat sich bisher kein größerer Fisch interessiert.
Ob die Fische nun mal nicht allzu groß sind und auch nicht immer bei bester Beißlaune, das tut der Begeisterung keinen Abbruch. Hauptsache ist, wir können ringsum die Schönheit der Natur am Wasser genießen. Meistens geht dann ab und an sogar noch ein besserer Fisch an den Haken.
Das Angeln an den Teichen ist nun mittlerweile fast Routine und um die Fischereipraxis weiter auszubauen, ist für den Ostersonnabend ein Ausflug an die Koberbachtalsperre geplant. Begreiflich, dass die Tage bis dahin gar nicht schnell genug vergehen. Die Anfahrt, die immerhin einige Zeit in Anspruch nimmt, ist schließlich geschafft. Nun beginnt die Wanderung mit der Ausrüstung fast um die obere Talsperre, denn drüben auf der Waldseite scheint es nicht nur schöner, sondern heute auch günstiger zu sein.
Ostern ist es zwar, aber das Wetter sieht ganz und gar nicht danach aus. Am Morgen hat für kurze Zeit die Sonne geblinzelt, nun aber lösen sich Schnee- und Graupelschauer in kurzen Abstanden ab. Da gibt die Waldseite wenigstens etwas Rückendeckung. An wieder nach Hause fahren wird sowieso kein Gedanke verschwendet. Auf diese Talsperre haben wir uns gefreut und der dicke Lodenmantel ist ja dabei.
Die Beißlaune der Fische ist bei diesem Wetter allerdings auf dem Nullpunkt, denn die erste Stunde regt sich gar nichts. Die verlockendsten Köder werden einfach verschmäht. Ob im flachen oder tiefen Wasser, in Ufernähe oder weiter draußen, nicht ein zaghafter Zupfer.
In dieser Eintönigkeit ist reichlich Gelegenheit, die Umgebung zu inspizieren. Wir sind heute das erste Mal hier. Obwohl bei diesem Wetter ringsum alles etwas trist erscheint, lässt es sich aber gut vorstellen welch herrliche Landschaft das ist. Fernab jeglichen Straßenlärms, umgeben von der gediegenen Ruhe des dichten Waldes und dem sanften Plätschern der kleinen Wellen.

Allmählich erscheint das Wetter etwas österlicher. Wenigstens das Gestöbere hat aufgehört und gelegentlich zeigt sich ein kleines Stück blauer Himmel zwischen den düsteren Wolken. Auch den Fischen scheint das zu gefallen, denn sie beginnen zu beißen. Zwar nur ganz vereinzelt und äußerst zaghaft, aber immerhin ist die Aufmerksamkeit der Angler wieder geweckt. An der Grundrute hat sich zwar nichts getan, und die kleinen Plötzen sollen auch erst mal noch ein bisschen wachsen, aber einen guten Döbel nehmen wir mit nach Hause. Der reicht zum Abendbrot.

Sobald es die Zeit und die Alltagspflichten erlauben, fahren wir raus ans Wasser. Einige größere Seen gibt es noch, in der weiteren Umgebung. Alle ruhig und einsam gelegen, inmitten von Wäldern und Wiesen. Neue Landschaften und der mitunter abwechslungsreichere Fang sind Anlass genug, die Touren ab und an auch ein bisschen auszudehnen.

Unvergleichlich, die frühen Abendstunden am Seeufer, im Schatten der breiten Schilfkante und voraus der weite Pflanzenteppich aus Seerosenblattern mit weißen und rosa Blütenknospen. Im freien Wasser tummeln sich die Blesshühner und aus dem Rohr dringt der eigenartig quarrende Gesang des Drosselrohrsängers, unterbrochen von dem schallenden „tack tack“ seines Lockrufes.

Die sinkende Sonne überzieht die dunkle Wasserfläche mit einem tiefen Purpur und vom gegenüberliegenden Ufer her bedeckt langsam ein hauchdünner Nebelschleier den See. Kein Lufthauch kräuselt das Wasser und ringsum wird es still. Selbst die einsame Krähe, die hoch über den Wipfeln dahinzieht, bleibt stumm.

So wohltuend der Ansitz am Wasser ist, bleibt doch im Bild des Betrachters der reglos sitzende Angler, wie er in der Vorstellung und Unkenntnis der meisten Laien vorhanden ist, und das einem alten Waldläufer so überhaupt nicht liegt. Etwas wie die Pirsch bei der Jägerei, stets aufmerksam in Bewegung zu sein, müsste es auch bei der Angelei geben.

Es gibt sie tatsächlich, diese „Pirsch“. Die „Hohe Schule“ des Angelns, die Kunst des Fliegenfischens. Allerdings benötigt

man eine ganz andere Ausrüstung, aber vor allem eine versierte Handhabung der Fliegenrute. Das Werfen und genaue Platzieren der leichten künstlichen Fliege erweist sich um einiges schwieriger als der Überkopfwurf einer beschwerten Pose.
Wer könnte wohl solche Praxis besser vermitteln, als ein Meister dieses Fachs? Mein alter Jagdfreund Hubert, ebenfalls Angler, der vor vielen Jahren im Turnierangeln mit der Fliegenrute Weltmeister war, nimmt sich unserer an.
Ein reichbebildertes Lehrbuch über das Fliegenfischen bildet die theoretische Grundlage für die Zusammenstellung einer bescheidenen Ausrüstung und die Darstellung der unterschiedlichsten Wurftechniken. Eine Verabredung ist alsbald getroffen für die erste praktische Unterweisung an einem Altarm des nahegelegenen Flusses, fernab jeglicher Zuschauer.
Das ausgewählte Gerät, Rute, Rolle und Schnur, beurteilt unser Meister als durchaus brauchbar. Von der künstlichen Fliege haben wir vorsichtshalber den Haken entfernt, denn sie soll ja, bei der noch ungelenken Werferei, nicht irgendwo hängen bleiben.
Es war vorauszusehen, dass die Hohe Schule des Fliegenfischens nicht in wenigen Stunden erlernbar ist. So ein künstliches Insekt gezielt auf Distanz zu bringen erfordert durchaus eine angemessene Übungszeit. Die Voraussetzungen sind, dank unseres Freundes, jedenfalls geschaffen. Nun liegt es an uns, Technik und Wissen zu vervollkommnen.
Stipp- und Grundangel haben nun erst einmal längere Pause, denn jede Gelegenheit nutzen wir mit der Fliegenrute an den nahen Fluss zu fahren, um das Werfen zu vervollkommnen. Fische sind wohl hier mitunter zu erwarten, trotzdem bleibt die Fliegenimitation „geköpft“, denn allzu oft noch saust die Fliege bedenklich knapp am Ohr vorbei, und das könnte mit Haken womöglich sehr fatale Folgen haben.
Da wir zunächst nur eine Flugangel besitzen, wird abwechselnd geübt. So nach und nach erlernen sich die komplizierten Wurftechniken, bis die Spezialschnur mit geschmeidiger Eleganz

durch die Luft schwingt und die Fliege wie ein Hauch auf das Wasser setzt. Diese Art des Angelns bietet sehr viel Abwechslung und aktive Bewegung und es liegt auf der Hand, dass es unsere gemeinsame Freizeitbeschäftigung wird.

Fliege trocken

Unser Licht und Wärme spendender Sonnenball zieht jeden Tag, auf seiner Wanderung über das Firmament, den Bogen etwas weiter. Bäume und Sträucher haben mittlerweile ihren leuchtenden Blütenschmuck abgelegt, um nun, wieder in schlichtem Gran, die Fruchte in reicher Fülle entwickeln und wachsen zu lassen.
Frau Gartenrotschwanz hat inzwischen auch die „Blockade“ der Garage beendet. Sie hatte das niedrige und weit vorgezogene Dach als recht wohnlich empfunden und mitten auf das anschlagende Garagentor ihr Nest gebaut. Da war es natürlich für einige Zeit angeraten, diesen Ort so wenig wie möglich zu begehen. Ließ es sich doch einmal nicht vermeiden, schwang die knapp an der Blende des Torflügels angelegte „Wochenstube“ weit ausholend mit. Dabei entfernte sich das Vögelchen nur kurz, um gleich danach sein Brutgeschäft fortzusetzen.
Eines schönen Tages sperrten dann, von früh bis spät, vier kleine um Futter bettelnde immer hungrige Nestlinge ihre Schnäbelchen auf. Alsbald schon waren sie flügge und saßen, aufgereiht wie die Orgelpfeifen, für kurze Zeit auf dem Torflügel, bis einer nach dem anderen mutig in die große weite Welt hinaus flog.
So hat sich ganz sachte, fast unbemerkt, der Sommer ins Land geschlichen. Wie schnell mit einem schönen und interessanten Hobby die Freizeit vergeht. In jedem möglichen, auch nur einigermaßen begehbaren Fließgewässer der näheren Umgebung, stellten wir, mit der künstlichen Fliege, den aufsteigenden großen Plötzen nach oder pirschten auf die scheuen Döbel.
Die Krone der Fliegenfischerei ist aber nun einmal die Pirsch auf die Forelle und ihre Verwandten. Die Voraussetzung, um auch in

den Salmonidengewässern fischen zu dürfen, ist allerdings eine kleine Marke im Mitgliedesbuch des DAV als Bescheinigung zur Salmonidenqualifikation, welche eine weitere Prüfung erfordert. Sicher keine allzu große Hürde, nur mein Angelfreund wird als noch zu jung befunden und auf das nächste Jahr vertröstet. Zum

Fliegenfischen möchten wir nun aber auch gemeinsam ans Wasser gehen. Es kann wohl keiner etwas dagegen haben, wenn Vater und Sohn abwechselnd mit einer Angel fischen. So fehlt es momentan nur noch an einer passenden Wathose. Die kleinste erhältliche „Konfektion“ ist allerdings immer noch viel zu groß. Sie reicht bis unter die Achselhöhlen und an den Beinen schlägt sie auch noch Falten, aber mit einer grünen Jacke darüber sieht der junge Fliegenfischer recht zünftig aus.
In der weiteren Umgebung gibt es einige Bäche und Flüsse, die als Salmonidengewässer ausgewiesen sind. Das MEKKA aller Fliegenfischer ist jedoch die Saale. Hier sind Petrijünger aus allen Regionen des Landes anzutreffen. So herrscht, aber die ersten Wochen der Saison, dementsprechende „Betriebsamkeit“.
Dieser Trubel ist, zur Mitte des Jahres, weitgehend abgeflaut. Die wenigen Unentwegten verteilen sich an der langen Flussstrecke und begegnen sich nur hin und wieder mit einem freundschaftlich zugerufenen „Petri Heil“.
Breit bahnt sich der Fluss seinen Weg durch das bewaldete Tal, vorbei an dem hohen Steinbruch, bis er in einem langgezogenen Bogen, unter der Straßenbrücke hindurch, die Landstraße wieder erreicht, um diese nun ein geraumes Stück zu begleiten. Streckenweise ungestüm, mit rauschenden Wellen, dann wieder erhaben zieht der Fluss seine Bahn, mit ruhiger Oberfläche, welche den Blick durch das klare Wasser bis auf den steinigen Grund frei gibt. Hier und da ist schon mal gelegentlich, auch mit bloßem Auge, im Schatten eines überhängenden Busches oder hinter einem großen Stein, eine gute Forelle auszumachen.
Etwas unterhalb des Ausgleichbeckens, an der schmalen Fußgängerbrücke, haben wir den Einstieg gewählt. Dort wo der Fluss auf einer Seite nicht allzu tief ist und etwas ruhiger fließt, denn auch mit Wathose muss das Wasser nicht bis zu den Hüften reichen. Das Gehen in der Strömung will erst mal gelernt sein und die groben Steine am Grund sind zudem noch ziemlich glatt, sodass jeder Schritt vorsichtig ertastet werden muss.

So arbeiten wir uns Hand in Hand bis zur Mitte des Flusses vor, um für den Rückschwung der Flugschnur genügend Freiraum zu haben. So perfekt sind wir beide noch nicht, dass sich nicht doch einmal die Fliege rücklings im Astwerk verirrt, statt voraus auf das Wasser zu gleiten.

Nach geraumer Zeit ist das Gehen über den glitschigen Grund nicht mehr so ungewohnt, die Konzentration kann sich etwas mehr auf die Handhabung des Angelgerätes richten und es beginnt richtig Spaß zu machen. Mit der einen verfügbaren Rute „darf" jeder abwechselnd drei Mal die Fliege auf das Wasser bringen. Verzählt sich Papa gelegentlich einmal, wird gleich protestiert: „Jetzt bin ich aber wieder dran!"

Insgeheim reift dabei schon der Plan, zur Beschaffung einer eigenen Rute für den aufstrebenden Fliegenfischer. Aus dem noch schmalen Budget der jungen Familie lässt sich eine zweite Ausrüstung mit Rute, Rolle, Schnur und so weiter nicht gleich finanzieren. Vorerst muss ein praktikabler Eigenbau den Ansprüchen genügen. Eine leichte biegsame Vollglasrute mit umgebautem Handgriff und einer Grundrolle, gefüllt mit gut gefetteter einfacher Flugschnur, muss dieser Aufgabe gerecht werden, bis Oma wieder einmal Anglerwünsche erfüllt. Das Ganze wird mit einem verjüngten Fliegenvorfach komplettiert und bis zum nächsten Angelausflug geheim gehalten.

Die Überraschung ist gelungen. Mit Eifer handhabt er die etwas ungewöhnliche Fliegengerte.

Im Wesentlichen besteht das Fliegenfischen aus zwei Praktiken, dem Trocken- und Nassfliegenfischen, mit den verschiedensten Feinheiten und Abwandlungen, wobei das Anbieten der Trockenfliege sicher die reizvollere und spannendere ist. Wenn allerdings kein Fisch nach Anflugnahrung an die Oberflache steigt, lohnt meist ein Versuch mit Nassfliege oder Nymphe.

So ist immer, nachdem die Parknische über der dicht bewachsenen Uferböschung erreicht ist, der erste Gang auf die Bracke und meist zeigen es die Ringe auf dem Wasser schon an: „Au, sie steigen".

Der leicht verhangene Himmel des warmen Sommertages über dem weiten Tal, lässt eine erfolgreiche Angelpirsch erwarten. Wir beginnen am gegenüberliegenden Ufer, denn hier auf dieser Seite hat das Wasser eine tiefe Rinne gegraben, die nicht zu durchwaten ist.

Wie ein Hauch schwebt die Fliege auf das Wasser und treibt vor der in einem schlanken Bogen liegenden Schnur. Nur selten wird der Köder gleich aufgenommen und reagiert der Fischer nicht flink genug, geht so mancher Anbiss daneben, denn allzu schnell bemerkt die Forelle den Betrug. Viele Würfe sind vor den Erfolg gesetzt und immer muss die Fliege wieder in etlichen Leerwürfen getrocknet werden, bevor sie erneut auf das Wasser aufsetzt.
Schon recht gut beherrscht der junge Fliegenfischer diese Technik. Mit leichten Vor- und Rückschwüngen der geschmeidigen Schnur, trocknet er die Fliege. Nur, konzentriert die Flugrute zu schwingen und gleichzeitig die Füße bewegen, birgt so manche Tücken. Die Fliege ist zwar nun trocken, aber der eifrige Fischer pitschenass, denn das Sitzbad reicht über den Bund der Wathose.
Schön aufgereiht hängen nun alle Kleidungsstücke auf dem Brückengeländer. Derweil der Angler in Wolldecken gehüllt im Auto sitzt, reift die Erkenntnis, dass zu jedem Fliegenfischerausflug unbedingt Ersatzkleidung gehören sollte.

Des Nassen zuviel

Tristes Wetter und mit düsteren Wolken verhangener Himmel seit Tagen. Ein Regenschauer jagt den anderen. Nicht ein Sonnenstrahl zeigt sich, um das Gemüt ein bisschen aufzuhellen. Eigentlich hatten wir uns seit langem vorgenommen, wieder einmal fischen zu gehen, zumal die Sache mit der Salmonidenqualifikation nun geregelt ist. Auch eine zweite leichte Hohlglasfliegenrute komplettiert inzwischen die Ausrüstung. Aber jeden Morgan, genau wie am Tag zuvor, derselbe Anblick des Himmels.
Endlich. Der Wind hat sich gedreht und damit auch das Wetter. Die dunklen, niedrig hängenden Wolken werden von hellen, höher ziehenden abgelöst. Die Sonnenstrahlen lassen die Umgebung, wie auch die Menschen, wieder freundlicher erscheinen. Noch ist der Boden vollgesogen wie ein Schwamm und die Flüsse sind kakaobraun hoch angeschwollen. Eine Weile wird es wohl dauern,

bis sich das Wasser verlaufen hat. Da ist es ratsam, mit der ersten Pirsch nach dem Regen bis zum Wochenende zu warten.
Die Schwarza ist unser Ziel. Noch nie haben wir hier gefischt. Nur von gelegentlichen Durchreisen ist dieses schöne Fleckchen Erde bekannt. Der sich durch die Landschaft windende Fluss, mit den malerisch gelegenen kleinen Ortschaften und das mitunter schmale Tal, zwischen den zusammengerückten, dicht bewaldeten Bergen. Die Straße, an den Hang geschmiegt, jeder Windung folgend und im Grund der Fluss, mit seinem klaren Wasser über grobe Steine springend oder sich ungestüm durch enge Passagen zwängend.
Zeitig schon ist Aufbruch und bald beginnt der Tag die Nacht zu verdrangen. Die Fahrt durch den taufrischen Morgen ist angenehm und nach dem Wetter zu urteilen, könnte es ein erfolgreicher Angelausflug werden. Eine kurze Strecke das Tal aufwärts, an der hohen Natursteinmauer, nehmen wir ersten Kontakt auf, zu dem uns noch recht fremden Fluss.
Das Wasser ist herrlich klar, nur etwas ungestüm erscheint es uns. Aus früheren Betrachtungen sind hier einige ruhige Passagen und Kolke in Erinnerung. Na ja, wir wollen sowieso viel weiter den Fluss hinauf, vielleicht ist er ja im Oberlauf etwas ruhiger.
Dort, wo das Tal ein wenig breiter ist, die Straße in einem leichten Bogen vom Flussbett abrückt, versuchen wir's. Rar sind die ruhigen Abschnitte in diesem Wasser und mit der winzigen Fliege schwierig anzuwerfen. Ist der Standplatz eines Fisches endlich erreicht, erfasst die Strömung im nächsten Moment die Schnur - und weg ist sie wieder.
Entmutigen lassen wir uns deshalb nicht. Es wäre gar zu einfach, ohne ein Quäntchen Zähigkeit und Ausdauer. Ginge alles glatt und reibungslos, mancher verlöre beizeiten den Spaß daran. Hier und da findet sich schon eine Stelle, die sich auch bei diesem Wasser einigermaßen beangeln lässt.
Eine längere Strecke „kämpfen" wir uns flussaufwärts. Herrlich ist die Landschaft und romantisch wohl gerade bei diesem wilden Wasser. Wie ein Sturzbach zwängt es sich durch eine Engstelle und

hat unterhalb einen breiten tiefen Kolk gegraben, in dem es sich auf weiter Fläche ruhig dreht. Aber, wir sind auf der falschen Seite und weit und breit keine Brücke.
Einen Versuch sollte es wert sein. Fest Hand in Hand, mehr tastend als laufend, begeben wir uns in das Wagnis, aber bereits nach wenigen Schritten greift die Einsicht, dass der Fluss heute wohl nicht in besucherfreundlicher Stimmung ist.
Eine Chance, die weite Anfahrt nicht einfach vertan zu haben, ist noch offen. Auf der Rückfahrt ist es nur ein kleiner Umweg zu unserer guten alten Saale. Dort wird ja hoffentlich, durch die Stau-Kaskaden, das Wasser inzwischen ruhiger sein. Irgendwann werden wir sicher auch hier, in der Schwarza, wieder einmal fischen - schon der herrlichen Umgebung wegen.
Die Saalelandschaft stellt sich so friedlich dar, wie eh und je. Nur die Ufersäume lassen ahnen, wie hoch auch hier das Wasser war. Die Angelei klappt gleich ganz anders, da fühlen wir uns eben wie „zu Hause". Bloß beißen will's auch hier nicht so recht.
In einer schmalen Rinne, hinter einer Krautbank, steigt eine Forelle. Den kleinen Ringen nach zu urteilen, könnte es eine größere sein. Unsere Fliegen verschmäht sie durchweg. Alle angebotenen Muster - von winzig bis groß, ob hell oder dunkel - die von anerkannten Experten, in jahrelangem „Studium", für die Saale als fängig erklärt wurden, verfehlen ihre Wirkung.
In einer Ecke der Fliegenschachtel „tummelt" sich ein Exemplar, mehr ein Symbol als ein Köder. Noch nie im Einsatz. Ein großer „Brummer", mit orangenen Leib. Jene wird, als letzter Versuch, dem wählerischen Fisch angeboten. Die Fliege hat noch gar nicht richtig die Wasseroberfläche berührt, ein Schwall und ein Schnapp, und weg ist sie. Nur ein kurzer Tanz. Keine Möglichkeit den Zug auch nur einigermaßen zu parieren. Die Rute ist im Halbkreis gebogen, die Schnur summend gespannt, dann ein kurzer leiser Knall und leer flattert das Vorfach entgegen. Die Forelle hat sich noch nicht einmal in ihrer Größe vorgestellt.
Weiter unten, vor der Brücke, waten wir zu der schmalen Kiesbank,

welche die Einmündung der Sormitz in der Mitte angespült hat. Wenn auch links davon die Wellen rauschen, ist doch rechts die Wasserfläche erheblich ruhiger. Hier wird es sich wohl gut fischen lassen, in den kleinen Buchten und Drehen. Aber kaum haben wir so richtig Spaß daran gefunden, kommt von Junior die enttäuschte Bemerkung: „Das Wasser wird aber jetzt braun!“ Aber es wird nicht nur braun, es wird vor allem beängstigend mehr.
Schleunigst treten wir nun auch hier den gar nicht mehr so einfachen Rückzug an. Das Angeln ist eben keineswegs nur Vergnügen, es birgt auch mitunter Gefahren und oft geht der Fischer leer aus. Ein alter Jagdfreund formulierte es so treffend: „Alle Tage Jagdtag, aber nicht jeder Tag ein Fangtag.“

Klein, aber ohoo

Erhaben präsentieren sich, in urwüchsiger Landschaft, die großen Gewässer, wo Asche und Forelle heimisch sind und wohl auf keinen passionierten Fischer verfehlen sie ihren Reiz. Die mitunter lange Anfahrt geht allerdings nicht nur ins Geld, viel öfter fehlt auch die Zeit dazu. Glücklich kann sich da ein Angler schätzen, der an einem solchen Gewässer wohnt, oder wenigstens nicht allzu weit davon entfernt.
Es muss ja nicht unbedingt einer der großen Flüsse sein. Ein Flüsschen oder Bach, auch nicht gleich hinterm Haus, aber wenigstens so ein paar mal um die Ecke, würde durchaus genügen, zur Entspannung, für eine oder zwei Stunden nach getaner Arbeit. Womöglich gibt es das sogar, es hat sich vielleicht, unter den „Neulingen“, nur noch nicht herumgesprochen.
Von Freund Heinz kommt der verheißungsvolle Tipp. Er kennt einen, der in einem Bach fischt, von dem er nur selten ohne Forelle nach Hause kommt. Die Gegend ist uns sogar bekannt. Zur Ausbildung unseres vierbeinigen Jagdgefährten waren wir einige Male in diesem Feld- und Wiesengelände. Nur, dass es in diesem Wässerchen große Forellen geben soll? In der Erinnerung ist es

zwar relativ sauber, aber in nur bescheidener Menge. Allerdings hatten auch, zu dieser Zeit, Gewässer an sich noch nicht den heutigen Stellenwert. Ausprobieren kann man's ja mal.
Sollte da wirklich etwas Wahres dran sein, wäre es ideal. Weit ist es jedenfalls nicht, nur reichlich unzugänglich. Dicht bewachsen mit Erlen und Hecken aller Arten, mannshohe Brennnesseln und Fußangeln aus allen möglichen Gerank. Dazu hohe steile Ufer. Tief ist das Wasser nicht. Wenn man einmal den „Dornröschenverhau" aberwunden hat und auch die Uferböschung hinuntergekommen ist, lässt es sich mit den kurzen Stiefeln einigermaßen begehen, bloß allzu weit kommt man in einem Anlauf nicht. Tiefe Kolke sperren den Weg und so überwiegt die Kletterei vor der Angelei.
Von Kindesbeinen an in der Natur wie zu Hause, sind solche Anforderungen kein Hindernis um ein Ziel zu erreichen. Wenn es nur ab und an wenigstens mal beißen würde, oder sich zumindest die Schwanzflosse eines Fisches sehen ließe. Nicht der verlockendste Köder, kein noch so guter Trick, verhilft zu einem Fang. Aber etwas muss echt schnell wieder eingefangen werden, denn ein achtloser Tritt, in dem unwegsamen Gelände, verhilft zu einem flotten Strecker auf den Hosenboden und der Bach entführt den guten alten Hut eiligst in Richtung „Meer".
Längst ist die altgewohnte Kopfbedeckung auch auf andere Weise wieder mehrfach nass geworden. Wochen sind seitdem vergangen. Dieses Gewässer streift kein Gedanke mehr, bis wir übers Jahr wieder einmal beisammen sitzen, Gedanken und Erlebnisse austauschen und darauf kommen, ob wir damals wirklich beide von dem selben Gewässer gesprochen haben und wieder versichert Heinz, dass es dort tatsachlich Forellen geben soll.
Bei so viel Beteuerung kann man eine solche Möglichkeit nicht unbeachtet lassen. An einem arbeitsfreien Frühlingstag, als Junior noch in der Schule ist, bietet sich eine gute Gelegenheit, diese Sache noch einmal gründlich zu erforschen. Vielleicht auf anderer Strecke, denn lang windet sich der Bach durch das weite Tal.
Wenn hier wirklich Fische sind, dann beißen sie heute. Das Wetter

könnte kaum idealer sein. Nur eine leichte kurze Rute, einige Nassfliegen und kleine Spinnköder gehören zur Ausrüstung. Weitwürfe sind in diesem Gestürzel sowieso nicht drin. Die Uferbeschaffenheit ist überall gleich, egal ob man nun weiter unten oder oben anfängt. Dichter Bewuchs, der auch seinen Vorteil hat, denn auf dem Wasser ist es zu einem großen Teil schattig.
Die Brennnesseln haben zwar noch nicht solche Höhen erreicht, wie in späteren Monaten, aber alle möglichen Stolperfallen verbergen sie schon. Nur wenige Schritte voraus, fliegt eiligst eine Stockente auf. Wahrscheinlich brütet sie noch in der Nähe. Tatsächlich, knapp

an der Uferböschung ist das Gelege in das hohe Gras gebettet.
Eine geraume Bachlänge gehe ich weiter, um der werdenden Mutter die baldige Rückkehr zu erleichtern. An der nächsten Biegung, in deren Kolk die ersten Würfe landen sollen, wird es allerdings auch noch nichts, denn hier schwimmen auf dem ruhigen Wasser der Kehre eine fürsorgliche Entenmutter und fünf gelblichschwarzbraune Watteknäuel mit Schnäbelchen.
So viele Enten wird es wohl nicht geben, dass es sich nicht auch ein bisschen Fischen ließe. Auf so kurze Distanzen kommt es vor allem auf vorsichtiges Bewegen und gute Deckung an. Dazu immer die „verlockende" Möglichkeit, mit dem feindrahtigen Haken, an der unzugänglichsten Stelle, im Kraut oder an einer Wurzel hängen zu bleiben. Gerade das zu beherrschen, gehört eben auch zum Reiz der Fischerei.
Sachte gleitet der Köder durch das klare Wasser. Einstände bietet das windungsreiche Gewässer in ausreichender Fülle. Nicht alle werden auch bezogen sein und nicht jeder Fisch lässt sich gleichermaßen locken, aber jetzt hat es gezupft. Eine kleine Bachforelle, die schonend wieder entlassen wird. Der erste bescheidene Erfolg. Doch bald, an einem tieferen Bogen, eine prächtige Forelle, die den Köder allerdings nur kurz annimmt und wieder abtaucht. Dabei soll es vorläufig bleiben. Der anfangs etwas bezweifelte Tipp des Angelfreundes hat sich durchaus positiv bestätigt: Es gibt hier wirklich gute Fische. Nun wollen wir zusammen auf die Pirsch gehen.
Am späteren Nachmittag wird dann unser Jungangler, nach Erledigung seiner Hausaufgaben, damit überrascht, an ein interessantes Angelgewässer zu fahren. Er kennt zwar den kläglich misslungenen ersten Versuch, aber von der heute recht positiv verlaufenen Erkundung weiß er noch nichts. Nur über die ungewohnte Fahrtrichtung ist er etwas erstaunt, aber schon bald erahnt er das Ziel.
Ein gutes Stück über dem Kolk fangen wir an, zum Eingewöhnen in die hindernisreiche Umgebung, und so langsam nähern wir uns

der verheißungsvollen Stelle. Da plantscht es in dem Bachbogen voraus und mit „naak, nak-nak“ streicht ein Entenpärchen ab. Das Fischen an dieser Stelle lohnt wohl nun kaum noch. Gram können wir den gefiederten Watschlern nicht sein, denn schließlich ist es ihr Reich, in das wir eindringen. Umso überraschender erfolgt der heftige Anbiss. Eine große Forelle hat den Köder genommen und quittiert mit energischen Fluchten. Feingefühl erfordert der schwierige Drill und Vater muss mit dem Kescher zu Hilfe eilen. Aber wie das auch vorsichtig anstellen? In der Enge hat kaum einer ausreichend Platz.

Ich versuche den Fisch von hintenher zu unterfangen, da wird er erst noch einmal richtig mobil. Endlich hat es geklappt, im allerletzten Moment, denn den Haken ist er los. Eine prächtige Forelle ist im Netz. „Petri Heil!“
Jetzt erst fällt auf, wie tief so ein Kolk hier wirklich ist. Die Stiefel sind voll Wasser. Frische Strümpfe sind, um „Fehltritten“ dieser Art trockenen Fußes zu begegnen, immer im Auto. Künftig sollte die Kleidung etwas angepasster sein. Hier Wathosen zu tragen sieht ein bisschen übertrieben aus, aber Watstiefel werden wir uns für weitere Unternehmungen dieser Art zulegen
Hatte dieser kleine Bach sein Geheimnis auch nicht gleich preisgegeben und seine Erkundung so manche Tücken, die wohl auch ferner nicht auszuschließen sind, war doch der Hinweis ein wahrer Freundschaftstipp. Keinesfalls werden wir ihn überfischen. Je weniger, umso besser. Er soll ein Refugium der Erholung bleiben, ein schnell erreichbarer Ort zur Entspannung.
Stolz präsentiert der junge Angler zu Hause seinen Fang, was Mutti erstaunt zu der Frage veranlasst: „Wo ist denn hier nur so ein Wasser, wo so heid‘n Fische drinne sind?“

Überraschung an der Uferböschung

„Vati! Geh‘n wir heute Angeln?“ Diese Frage fällt nahezu allmorgendlich am Frühstückstisch. Ein „Ja“ hierzu hängt von verschiedenen Faktoren ab, nicht zuletzt von den häuslichen und schulischen Aufgaben. Heute erscheint die Konstellation günstig. Der Stundenplan ist nicht allzu umfangreich, sodass die Hausaufgaben gleich nach dem Mittagessen erledigt werden können und somit steht einer Angeltour am späteren Nachmittag nichts im Wege.
Nachdem jeder seine Alltagspflichten erfüllt hat und sogar das Wetter sich auf das Unternehmen einstellt, mit leichtbedecktem Himmel und einer sanften Brise aus westlicher Richtung, hält uns nichts mehr in den heimischen vier Wänden.

Für ein paar Stunden der Natur entgegen. Weg von Straßenlärm und Alltagshast. Eine kurze Fahrtstrecke südwärts, an einen kleinen Nebenfluss der Weißen Elster. Kein Gewässer der typischen Forellenregion, aber mit einem recht guten Salmonidenbestand.
Das kleine Dörfchen Rohna, mit nur wenigen Gehöften, ist bald erreicht. Einige Meter hinter der alten Steinbogenbrücke stellen wir das Auto ab. Hier sind wir schon alte Bekannte. Ein freundlicher Gruß, ab und an auch mal ein kurzes Schwätzchen, vertiefen die Beziehungen zwischen Anglern und Alteingesessenen.
Nun geht es zu Fuß weiter. Hinein in das landschaftlich reizvolle Tal der Auma. So weit der Blick reicht, reines Grasland, in weiten Bogen und kurzen Mäandern durch das Flussbett geteilt. Die Ufer sind mit Erlen und Eichen, mit Haselnusssträuchern und anderem Buschwerk gesäumt. Über die Berghänge zieht sich Fichten- und Kiefernwald mit reichlich Unterholz, sodass sich hier auch Schalenwild heimisch fühlt.
An der unteren Biegung des Tales weidet eine Herde Rinder. Es sind halbwüchsige Färsen, die das Gras kurz halten. Sie haben auch Zugang zum Wasser und können schon einmal die Angelfreuden, durch gar zu intensive Wassertrübung, verderben, aber heute stören sie nicht, denn wir befischen die Strecke flussaufwärts. Den Teil, in dem die Berglehnen mit ihren Vorsprüngen den Verlauf des Flusses bestimmen, wo das Tal einige Windungen hat und an jeder Stelle neue Eindrücke offenbart.
In welcher „Laune“ werden wir unser heimisches Gewässer antreffen? Die Stimmungen eines Flusses können sehr vielfältig sein. Einmal plätschert er verträumt flüsternd dahin, mit klarem freundlichem Antlitz, ein andermal wütend brausend, trüb und mürrisch.
Heute trägt der Wind schon von weitem dieses vertraute Rauschen und Plätschern eines friedlich dahinmurmelnden Wassers entgegen. Mit leichten verhaltenen Schritten geht es zum Ufer, um in der Deckung einer alten Eiche für einige Augenblicke zu verweilen.
Auf der Wiese tummeln sich die Heuschrecken und an einem

langen Grashalm vollführt ein Bockkäfer seine Turnübungen. Zwischen den Blütenständen der Weidenröschen, den Zweigen der Bäume und Sträucher schwirrt die Vielfalt der Fluginsekten. Auf

diese Beobachtung kommt es dem Fliegenfischer an, denn danach trifft er oft die Auswahl seiner kunstvoll imitierten Fliege.
An den vergangenen Tagen hat es kaum geregnet, sodass bei annähernd normalem Wasserstand das Wasser verhältnismäßig klar ist. Selbst in der, unterhalb unseres Standplatzes, nicht gerade sehr flachen Ausspülung ist der steinige Grund gut zu erkennen. Außer einem kleinen Fischchen, das flink unter die überhängenden Grasbülden huscht, ist von hieraus nur wenig im Wasser auszumachen.
Einige Meter weiter, wo das streckenweise recht dichtgewachsene Ufergebüsch etwas lichter wird, beginnen wir mit der Angelpirsch. Das künstliche Insekt wird mal mit der Strömung und mal gegen die Strömung so verlockend wie möglich angeboten. Der Junge fängt die erste Forelle. Sie ist noch untermaßig und soll erst noch wachsen. Mit dem Wunsch „Schick den Opa“ wird sie wieder in ihr kühles Element entlassen.
In gespannter Erwartung wird emsig die Gerte geschwungen. Ob in der Strömung oder einer ruhigen Kehre, an jeder aussichtsreich erscheinenden Stelle könnte der ersehnte Anbiss erfolgen. Es ist aber nur der Nachwuchs, der heute etwas beißfreudiger zu sein scheint. Das tut aber dem Enthusiasmus keinen Abbruch, denn jeder Streckenabschnitt birgt seine eigenen Erinnerungen.
Gerade an dieser Stelle, wo sich die Landschaft etwas weitet und der Fluss in einem großen Bogen die linke Talseite durchfließt, grasten vergangene Woche die Mufflons. Diese Wildschafe wurden vor einigen Jahren hier angesiedelt und haben sich scheinbar recht gut entwickelt. In dem kleinen Rudel bieten die zwei starken Widder, mit ihrem stattlichen Kopfschmuck, einen beeindruckenden Anblick.
Nanu, in der Träumerei von vergangenen Tagen wäre beinahe ein guter Anbiss verpasst worden. Ein zarter Sog ließ die künstliche Fliege von der Oberfläche verschwinden. Der Anschlag kam gerade noch rechtzeitig. Das ist aber kein kleiner Fisch, der Zug lässt es erahnen. Zu sehen ist nichts.

An eine einfache Landung ist in der Strömung kaum zu denken. Zudem greifen die Wurzeln der alten Erle weit in den tief ausgespülten Gumpen und bieten der Forelle guten Schutz.
Die leichte Gerte beschreibt einen beachtlichen Bogen. Hoffentlich halt das fünfzehner Vorfach. Nach schier endlos dünkender Zeit gibt der Fisch endlich nach und die Schnur lässt sich langsam einholen. Noch eine kurze temperamentvolle Flucht, bis die stattliche Forelle über den Unterfangkescher gleitet.
Von diesem Erfolg zu neuem Tatendrang ermuntert, schreitet Junior schon ein kurzes Stück bis zur nächsten Flussbiegung voraus. Plötzlich hallt heftiges Plantschen herüber. Der Jungangler wird doch nicht ein „Bad“ genommen haben? Besorgt, wie Väter nun mal sind, wird schnell die Schnur eingeholt, um zur Stelle des Geschehens zu hasten. Unser Angler steht in einem Wechselbad der Gefühle, zwischen Verzagen und Begeisterung, erstarrt am Wasser. Am gegenüberliegenden Ufer, wenige Meter entfernt, müht sich ein Wildschwein das Steilufer, von dem es eben herunterplatschte, wieder zu erklimmen.
Wer weiß, wohin der Schwarzkittel gerade unterwegs war und als er das Wasser durchquert, steht ihm auf einmal der Zweibeiner im Weg. Gut, dass er sich zur Umkehr entschied, Schwarzwild kann in mancher Situation recht wehrhaft sein, aber hier bleibt er friedlich und entschwindet im Uferdickicht. Möglich, dass sich an dieser Stelle eine Begegnung ähnlicher Art irgendwann wiederholen kann, denn ein gut sichtbarer, hier das Tal querender Wildwechsel lässt auf eine rege Benutzung schließen.
Das macht eben den Reiz und die Schönheit unserer Passion aus. Angeln ist nicht nur Fische fangen, sondern vor allem die Natur erleben. Mit dieser Einstellung wird jeder Angelausflug, egal bei welchem Wetter, zu einem Erlebnis besonderer Art. Die Natur ist wie ein offenes Buch, man muss es nur zu lesen wissen und sich bemühen die Sprache zu verstehen. Wir versuchen zu einem Teil in ihre Geheimnisse einzudringen, aber in dem Erlebnisbericht zu Hause steht die Frage: Wer hat wen mehr erschreckt?

Mit der Fliege am See

Ein Jahr schreitet schnell voran und damit auch die Angelsaison. Mitte Juli rüsten wir zum Aufbruch in die Täler des Thüringer Waldes, schon in Vorfreude auf die klaren Bäche und Flüsse. Meist löst dies immer dieselben Aktivitäten aus, damit wirklich jedes der erforderlichen Angelutensilien an seinem Platz ist. Zum ersten Mal haben wir auch Angelberechtigungen für den Stausee.

Die Wege um die Trinkwassertalsperre sind für den öffentlichen Fahrzeugverkehr gesperrt. Eine herrliche Oase der Ruhe. Zu einem größeren Aktionsradius verhilft lediglich das Fahrrad, aber auch diesen begegnet man nicht allzu oft. Darüber hinaus ist das Fischen nur vom Ufer aus gestattet und als einzige Köder dürfen in den Vorsperren nur künstliche Fliegen verwendet werden, was auch den Kreis der Petrijünger einschränkt.

Auf den früheren Wanderungen an diesem Gewässer waren gelegentlich Petrijünger zu beobachten, deren Angeltechniken sich aus der Ferne studieren ließen. Hierbei reichte die Palette von der klassischen Fliegenrute bis zur langen Wurfrute mit überdimensionaler Wasserkugel. Bei der Größe der Wasserflache, die wahrscheinlich brauchbarste Gerätezusammenstellung.

Die ansonsten geschmeidige Fliegenrute ist hier sicher nur bedingt einsetzbar. Die zum Teil steilen bewaldeten Hänge, im Rücken des Fischers, erlauben damit nur recht bescheidene Würfe im Uferbereich. Um die Fliege möglichst weit auf das Wasser zu bringen, muss man schon zur Wasserkugel greifen, als Wurfunterstützung. Nur, je größer diese ist, umso geräuschvoller platscht sie auf das nasse Element.

Je eine handliche zweiteilige Wurfrute bildet für uns die Grundausrüstung und als Wurfgewicht, um die leichte Kunstfliege weit genug hinaus zu bringen, sind zwei kleine Wasserkugeln, zum Tandem verbunden, zwischen Hauptschnur und Vorfach geschlauft. So ausgerüstet, geht es mit den üblichen Angelutensilien und etwas Proviant zum ersten Mal an dieses so reizvoll gelegene Gewässer.

Mit den Fahrrädern muss zunächst ein respektabler Anstieg überwunden werden, um den hoch über den Ufern gelegenen Weg zu erreichen. Die kleine Anstrengung wird dann allerdings mit einem weiten Ausblick über den verzweigten und buchtenreichen Stausee belohnt, wobei gelegentlich, an den bewaldeten Hangen, auch Reh- und Rotwild bei der Äsung zu beobachten ist.
Gemächlich, ohne jegliche Eile, radeln wir der nächsten Bucht entgegen, denn im Verhältnis zu der großen Wasserfläche, ist die Beangelbarkeit recht begrenzt. Steile Berghänge und Geröllhalden schließen ein Betreten der Uferzone auf lange Strecken aus.
Die Fahrräder bleiben versteckt im dichten Busch, in Nähe des Weges, denn der Abstieg ist mit Rucksack und Angelausrüstung auch so beschwerlich genug. Etwas flacher verläuft dann der schmale Streifen zwischen Ufersaum und Waldkante. Ein idealer Platz für die ersten Versuche an diesem Gewässer.
In weitem Bogen wird die Fläche unter leichtem Zupfen mit den unterschiedlichsten Fliegenmustern langsam abgekurbelt, aber die Fische widerstehen allen noch so gut angebotenen Verlockungen. Die Sonne liegt allerdings auch noch sehr auf dieser Seite des Tales und der Wind ist wohl irgendwo hinter den Bergen eingeschlafen. Nicht ein Lufthauch kräuselt das Wasser, es gleicht einem großen Spiegel, in den ringsum die Berge kopfüber in eine hellblaue Unendlichkeit eintauchen.
Das kleine Fernglas, bei solchen Exkursionen immer griffbereit unter der Weste, lässt auch weiter draußen keinen einzigen steigenden Fisch erkennen. Es ist eben noch so ein bisschen Nachmittagsflaute. Da bleibt reichlich Gelegenheit, die schöne Umgebung zu genießen.
In so mancher Bucht und wo sich sonst noch der Ufersaum gut begehen lässt, kommen wir allmählich um die Sperre herum, um so erst einmal Angelplätze zu erkunden. Mittlerweile hat auch die Sonne einen beträchtlichen Weg über das Firmament zurückgelegt und die Schatten werden langer.
Weit hinten im Tal, wo von fern her leise der Bach herüber plätschert,

lädt die Landschaft zu längerem Verweilen ein. Nur ganz leicht neigt sich die kleine, mit Büschen und Waldblumen bestandene Rasenfläche zum Ufer hin. Eine winzige Oase zwischen steilen Geröllhalden und hohen Fichtenwäldern.
Nur, beißen will es auch hier nicht. So verführerisch die Fliegenmuster auch sind, nicht ein einziger Zupfer. Wie auch die reine Luft und die herrliche Umgebung zu erholsamer Kurzweil gereichen, erhebender wäre es noch, wenn sich ab und an ein Fisch fangen ließe. Immer wieder werfen und jedes Mal bleibt der Haken leer, das kann auch mit der Zeit verdrießen. So rüsten wir zum Aufbruch.
Noch ein paar Würfe. Während Junior schon seine Angel demontiert und sorglich im Futteral verpackt, kommt eben, mit leisem Rauschen, ein sanfter Wind über den Berg und kräuselt die Wasserfläche. Im selben Moment fängt es an zu beißen. Den Zuruf, „Jetzt geht‘s los“, weiß er gar nicht gleich zu deuten. Eine gute Bachforelle hat die Fliege genommen und sogleich ist er mit dem Unterfangkescher zur Stelle. Aber nun noch mal auspacken - wer weiß wie lange das anhält?
Ring um Ring zeigt nun das Steigen der Fische und das Beißen hält an. Wir haben es ja schon oft „trainiert“, das Fischen zu zweit mit einer Angel. Jeder hat drei Würfe und auch so kann Fischen Spaß machen, wenn es nur beißt. Die kleineren werden alle schonend wieder zurück gesetzt, jedoch zwei gute Forellen haben wir für das Abendbrot.

Flaute

Neumond oder auch Heuet hat der Juli in alter Zeit geheißen. In dem weiten Areal der Aue, klingt noch im Dämmerlicht der scheidenden Nacht, das Wetzen der Sensen und der rauschende Schnitt durch das hohe Gras. Die Zeit muss genutzt werden, so lange der Tau des kühlen Morgens über dem Land liegt. Kommt erst die Hitze des Tages hoch, wird die Arbeit schwerer und die Plage der Schnaken und Bremsen unerträglich.

Es braucht nicht viel Zeit, bis zum Einfahren der Heuernte. Tag für Tag brennt die Sonne vom wolkenlosen Himmel. Auch dem Fluss ist anzusehen, dass er aus den Hinterbergen nur noch wenig Speisung erhält. Stellenweise konnte man ihn fast, hüpfend von Stein zu Stein, trockenen Fußes überqueren. Die Wiesen sind nun abgeerntet und die Natur lechzt nach erfrischendem Nass und wie es aussieht, wird es noch eine Weile so weitergehen.
Außer an die größeren Flüsse, weiter draußen im Land, wäre es wohl vergebene Mühe, zum Angeln groß weg zu fahren, bevor es nicht einmal wieder ausgiebig geregnet hat. Sicher sind die Bäche und Flüsschen, in den Talern der Umgebung, zu ebenso schmachtenden Rinnsalen geschrumpft.
Den Urlaub verstreichen zu lassen, ohne wenigstens ein bisschen an einem Fließgewässer die Angel geschwungen zu haben, wäre ja gar kein richtiger Urlaub. So versuchen wir es am späteren Nachmittag weiter unten in der Ebene, vor den Bergen. Vielleicht ist da draußen der Fluss schon ein bisschen mehr gefüllt. Viel versprechen wir uns ohnehin nicht. Nur mit leichter Ausrüstung ein wenig Wanderangeln, den Körper ertüchtigen und die Natur belauschen.
Die hohen Bäume und das dichte Buschwerk an beiden Ufern, spenden dem Flussbett angenehmen Schatten. Das plätschernde Wasser, wenn es auch nicht eben üppig fließt, suggeriert dazu noch etwas Kühlung, sodass es sich hier recht gut aushalten lässt. Nur die Forellen haben scheinbar nicht die richtige Beißlaune, obwohl das Wasser hier etwas reichlicher fließt.
Weitaus mehr Betrieb, als im Element der Fische, ist hier draußen, in der seit Tagen hitzeflirrenden Luft. Insekten aller Arten werden nicht müde ihre Opfer zu umkreisen und zu peinigen. Einem Nutria, am gegenüberliegenden Ufer, wahrscheinlich irgendwann einer nahe gelegenen Kleintierzucht entwichen, scheint es ähnlich zu ergehen, denn vor lauter Kratzen kommt es kaum zum Verzehr seiner Mahlzeit.
Bei dieser Fülle an Insekten über dem Wasser sollte man meinen,

eine der verlockend angebotenen Kunstfliegen findet auch das Interesse der Forellen, oder es ist gerade das Überangebot, was den Fischern den Erfolg verwehrt. Vielleicht lohnt ein Versuch mit dem Blechköder. Einen vorbeisurrenden Spinner oder Blinker, der ihr träge gewordenes Interesse weckt und zum Anbiss reizt.
So wird, nach allen Regeln dieser Kunst, der Flussabschnitt befischt. Tatsächlich sind auch gleich, kurz hintereinander, zwei Fehlbisse zu verzeichnen. Vielleicht ist aber auch nur der Wunsch der Vater des Gedanken und der Köder ist einfach irgendwo hängen geblieben.
Sei's wie es will, dass es kein großer Fangtag sein wird, war eigentlich klar. Wir sind am Wasser, ohne Hast und fernab jeglichen Lärms. Um uns nur ein sachtes Rauschen und Plätschern und das leise „hiäh“, der hoch über der Flur kreisenden Bussarde. Fast polternd wirkt da, der eilig das Flussbett querende Rehbock.
An einem verfallenen Wehr zweigt noch ein Mühlgraben, dessen Dienste wohl auch schon lange nicht mehr beansprucht werden, durch die Wiese, zu einem alten Gehöft. Das Wasser nimmt aber wie eh und je seinen Weg. In einer kurzen Strecke am Einlauf hat die Kraft des Wassers, in all den Jahren, einen langen tiefen Kolk gespült, der von dem Gewirr der wildwachsenden Heckenrosen überdeckt wird.
Diese Stelle ist nicht so einfach zu beangeln, aber wenn hier keine Forelle steht, dann sicher nirgendwo in diesem Abschnitt. Nach vorsichtigem Anpirschen wird mit dem leichten Spinnköder jeder Winkel des Einlaufbereiches abgetastet. Ausdauer führt ja bekanntlich zum Erfolg, aber mit jedem Wurf kommen langsam Zweifel auf, ob da überhaupt noch etwas beißt. Noch in Gedanken versunken, plötzlich ein heftiger Anbiss. Eine starke Regenbogenforelle kämpft in der Strömung und ist letztendlich dem listenreichen Angler erlegen.
Allzu weit verlaufen wir uns nun nicht mehr. Noch bis zu der kleinen Brücke, dann geht es wieder zurück. So richtig will es heute eh nicht beißen und der Tag ist schon recht weit vorangeschritten.

An einigen gar zu verheißungsvollen Stellen wird auch auf dem Rückweg noch mal geangelt. An einem alten Wehrabsturz strömt das Wasser seitlich gegen das Ufer und hat hier einen flachen Gumpen gespült, der bis unter die Wurzeln reicht. Irgendwann hat sich noch ein angetriebenes verwittertes Brettstück darunter festgesetzt.
Der erste Wurf gerät etwas zu kurz und noch bevor der Spinnköder das Ufer erreicht, wird er von der Strömung unter das Brett gerissen. Da sitzt er fest. Das fehlte nun noch, aber auf einmal kommt Leben in den vermeintlichen Hänger. Eine große Bachforelle zieht aus dem Einstand und der aufregende Drill beginnt. Nach geraumer Zeit lässt sie sich abgekämpft über den Kescher führen. Das Maß zeigt 54 cm. Was für ein herrlicher Fang, trotz der flauen Betriebsamkeit des heißen Tages. „Petri Heil" und „Petri Dank!"

Auf dem Eis

Dieser Winter hatte sich zu Anfang recht schwer getan, und obendrein noch unverhältnismäßig wetterwindisch angestellt. Eingezogen war er mit feuchten Nebeln und eisigen Winden, sodass sich an Bäumen und Büschen, bis an die äußersten Zweigspitzen, bizarre Eisfiguren formten und ließ die Landschaft in einer fast märchenhaften Unwirklichkeit erscheinen.
Etliche Tage hielt diese Witterung so an. In den Wipfeln knisterte und knackte es und als sich zu der kristallenen Bürde noch feuchter Schnee gesellte, zwang diese Last selbst die stärksten Äste mächtiger Buchen zu Bruch. Nachdem, binnen kurzer Zeit, alles wieder zerronnen zu Boden troff und es ringsum noch kahler aussah, hatte es den Anschein, als zöge der Frühling ein. Fast wohlig warm dünkte es und hier und da begannen sich schon die Knospen zu recken.
Doch dann, einige Tage nach Neujahr, war wohl der Winter erst so richtig erwacht. Förmlich mit Schnee überschüttet wurde die Erde ringsum, dass es einiger Mühe bedurfte, die Wege ausreichend frei-

zuhalten. Das blieb so, bis an den Februar heran und von Osten her kam die Kälte übers Land gekrochen. Die Säule im Thermometer sank weiter und weiter.
In den Nächten funkeln die Sterne am samtschwarzen Himmel. Die Kraft der tief über dem Horizont strahlenden Sonne reicht nicht aus, um die kurzen Tage zu erwärmen. In den älteren Häusern überziehen sich die einfachen Fenster mit Eisblumen und dem großen Kachelofen muss tüchtig eingeheizt werden, um es einigermaßen behaglich zu haben.
Draußen in der Natur ist es still geworden. Die kleinen Vögel sitzen aufgeplustert in den Zweigen und ziehen die Köpfe in das Gefieder. Nur ab und an ist das schnarrende „korr" umherziehender Rabenkrähen zu vernehmen und das Gerätsche des Alles vermeldenden Eichelhäher, des buntgefiederten Kobold unseres Waldes.
Dick zugefroren sind alle Teiche ringsum. Die Bachläufe bilden weiße Mulden und Bahnen und der Fluss ist von den Ufern her schmaler geworden. So wie sich das Wetter anlässt, wäre es wohl ideal zum Eisangeln, denn auch der große See müsste schon eine mächtige Eisdecke tragen.
Das Thermometer steht sogar um die Mittagszeit noch weit im Minusbereich, aber der Tag ist strahlend schon. Der Trabi rollt durch die weiß glitzernde Landschaft und die bescheidene Heizung hat Mühe, die Sicht an der Frontscheibe frei zu halten. Obendrein ist die Anfahrt recht hügelig und auf den winterlichen Straßen nicht allzu schnell. Nach geraumer Zeit ist der kleine Parkplatz an der Talsperre Zeulenroda erreicht und als gerade die „Vermummung" mit Watteanzug und Filzstiefeln beginnt, gesellt sich ein zweites Fahrzeug hinzu. Es ist Angelfreund Gotthard aus unserem Verein. Auch ihn hat der strahlende Wintertag gelockt.
Gemeinsam brechen wir auf, zur erwartungsvollen Fischweid. Bepackt mit allen erforderlichen Utensilien für solch winterliches Tun und dem großen Rucksack, unter anderem gefüllt mit Broten und reichlich heißem Tee. Vor allem aber auch, mit einer ganzen

Menge „Zuckis“. Das sind keine Süßigkeiten, sondern Zuckmückenlarven. Die fängigsten Köder für die „beißfaulen“ Fische.
Die kleine Bucht, am gegenüberliegenden Ufer, ist unser Ziel. Über die Brücke, dann ein ganzes Stück die Waldkante entlang, so wollen wir gehen, wie auch in der wärmeren Jahreszeit. Unser Begleiter ist allerdings der Auffassung, dass wir, bei diesem starken Eis, uns den Umweg ersparen könnten. Wie wenig bedarf es manchmal an Überzeugungskraft, wenn die Faulheit mit im Spiel ist.
Durch knietiefen Schnee, mehr gerutscht als gegangen, überwinden wir die hohe Uferböschung. Die ersten Schritte noch etwas zaghaft, geht es quer über den See, geraden Wegs dem Ziel entgegen. Mit etwas Abstand, einer hinter dem anderen. Den Jüngsten nehmen wir in die Mitte. So läuft es sich recht gut, mit den derben Stiefeln, über das verschneite Eis.
Die hügelige Waldlandschaft, die weiten Wiesen und Äcker, das alles erscheint, in endlosem Weiß mit nur spärlichen dunklen Tupfen, noch ausgedehnter und ferner. So auch unser Ziel, die Bucht. Wie lange wir nun schon gehen, sie rückt kaum sichtbar näher. Das verlassene Ufer liegt aber schon ein beträchtliches Stück zurück.
Nach der Mitte zu dringen aus der Eisschicht ganz eigenartige Geräusche. Ein flaues Gefühl beschleicht die Magengegend, bei den wiederholten „krrrchch - plonnng“ und aus der Erinnerung steigt die Unterhaltung mit einem Förster, aus dem Thüringer Wald, dem es ähnlich erging. Auch er vermeinte, auf dem Weg zur Jagd, mit einer Abkürzung über den Stausee, flotter voran zu kommen. Längst hatte der vierbeinige Begleiter das andere Ufer erreicht und er kam, so einsam und verlassen, mitten auf dem Eis, zu der bemerkenswerten Erkenntnis: „Nie wieder!“
Endlich ist das Ziel wohlbehalten erreicht. In nicht allzu weiter Entfernung von einander, richten wir uns, so gut es geht, für die nächsten zwei bis drei Stunden ein, wobei das erste Bohrloch recht beruhigend erkennen lässt, dass die Eisdecke beträchtlich stark ist.

Eine gute Stelle haben wir gleich auf Anhieb erwischt, denn kaum ist der Köder im Eisloch abgetaucht, hängt auch schon der erste Barsch am Haken. Das ist bei Weitem nicht immer so. Oft muss man, Eisloch um Eisloch, nach den Fischen suchen und dann ist die Beute meist nur spärlich. Aber heute scheint da unten eine „Versammlung" zu sein, es erfolgt Biss auf Biss. Ausnahmslos Barsche und nur die größten werden für die Bratpfanne mitgenommen.
Bevor die Kälte durch die dicke Kleidung zwickt, machen wir uns wieder auf den Weg. Eingedenk der weisen Erkenntnis des Försters, trotz dicker Eisschicht, außen herum.

Ein fast verkorkster Angeltag

So erhaben das Fischen an den großen Flüssen auch sein mag, zieht es uns doch mehr an die kleinen Bäche. Die sachte plätschernd, in Mäandern und Kehren, durch enge Täler und weite Gründe ziehen, an jeder Biegung, Stein oder Kolk, in einer anderen Tonart ihre Melodie vom geheimnisumwobenen Fischwasser erklingen lassen.
In gleicher Weise hat auch der Oberlauf der Ilm seinen ganz eigenen Reiz. Dort, am Fuße des Kickelhahn, wo sich der Fluss noch recht bescheiden gibt, die schiefergedeckten Häuschen an die steilen Range schmiegen und die bergwärts stampfende Eisenbahn kreuzt, über eine Vielzahl kleiner Brücken, den sich durch das lange Tal windenden Flusslauf.
Nicht gar so weit ist die Entfernung von unserem heimatlichen Urlaubsort und recht einladend zeigt sich das Wetter, zu einem erholsamen Streifzug mit der Fliegenrute. Da ist der Trabi schnell beladen, mit allem Notwendigen, wobei auch die Mundvorräte, vor allem Getränke, nicht vergessen werden.
Langweilig ist sie wohl nie, die Fahrt über den Kamm des Thüringer Waldes und eilig haben wir es ohnehin nicht auf solcher Tour, denn gerade die kleinen Dinge am Wegesrand offenbaren sich zu jeder Jahreszeit immer wieder neu. Wenn es auch bloß

die Blütenstände des weißen und roten Fingerhutes sind, welche sich kontrastreich vom grün der Landschaft abheben, oder die nur unwillig abstreichende Krähe, die wohl auf der Straße eben etwas „Brauchbares“ fand und nun so knatternd gestört wird.
So angenehm ruhig, durch die waldreiche Landschaft dahinrollend, ist gar bald die Kreuzung auf der Kammstraße erreicht und über eine lange Serpentine geht es wieder talwärts. Weiter unten, wo Landstraße und Eisenbahn untereinander die Seiten wechseln und gleich daneben das Flüsschen munter plätschert, befindet sich, einwenig abseits, ein kleiner Platz zum Parken.
Klar und munter sprudelnd zeigt sich das Flüsschen, zur Einstimmung auf den Pirschgang mit der Fliegenrute. Schnell sind die Watstiefel und die leichte Weste übergestreift, die Tasche mit allem erforderlichen Kleinzeug und der Kescher umgehängt. Bloß noch die Angeln aus dem Futteral, dann kann‘s losgehen. Nur - wo sind die Angeln? Keiner hat sie rausgestellt, aber im Kofferraum sind sie auch nicht. Nun wissen wir wo sie sind: Sie stehen noch bei Oma im Schlafzimmer.
Wir werden ja schnell noch mal zurückfahren. Aber von hier?! Bis der Trabi den Berg wieder hinaufgekraxelt ist und dann die Strecke noch zweimal, da ist ja der Tag hin. Zum Glück haben wir die Trompeten dabei. Damit soll nun den Fischen kein Ständchen dargebracht werden. Die „Trompeten“ sind zwei leichte Teleskopruten, komplett mit Rollen und Schnüren, in einem stabilen Trompetenkoffer, welcher während der Saison seinen Stammplatz im Auto hat. Als Reserve, falls eine Angel, auf welche Weise auch immer, während des Fischens einmal ausfällt, und - wie sich herausstellt, um solche Überraschungen zu bestehen.
Die herrliche Umgebung, das muntere Wasser und die flinken Forellen, lassen die Misere schon bald vergessen. Der Umgang mit den kurzen Spinnruten ist zwar nicht so geschmeidig und elegant wie die Handhabung der schlanken Fliegenrute, aber mit der beschwerten Nassfliege lässt es sich recht ordentlich hantieren. An einem so schmalen Gewässer kommen ohnehin keine allzu weiten Würfe zustande.

Wenn auch zuerst anders gedacht, ist es ein recht erholsamer Angeltag geworden. Die Natur erleben, in sie eintauchen, ihre Schönheit und wohltuende Ruhe genießen. Gemächlich das Gewässer entlangpirschen, die Einstände und Gumpen, mit den Nachbildungen der unterschiedlichsten Insekten, in gespannter Erwartung zu befischen, um dann bei jedem Anbiss immer wieder aufs Neue überrascht zu sein.
Die Forellen beißen heute gut auf unsere Fliegenmuster, wenn auch mancher Biss daneben geht. So hat auch der Fisch seine Chance und die meisten werden schonend unter Wasser abgehakt wieder entlassen. Sie haben noch nicht das Mindestmaß. Auf einmal, mitten in der Strömung, ein Anbiss so auffällig anders als von den Forellen gewohnt. Eine Äsche hat die Fliege genommen. Ein schöner Fisch, mit bunt schillernder „Rückenfahne", der uns in dieser Region noch nie begegnet ist.
Bei so abwechslungsreicher Beschäftigung, entlang der unwegsamen Ufer, mit ständigem Auf und Ab über die Böschung und dem vorsichtigen Pirschen durch das rinnende Wasser, verfliegt fast unbemerkt die Zeit, zumal wenn es gut beißt. Aber mit einem Mal, wie auf einen Schlag, interessiert sich kein Fisch mehr für unsere verlockenden Kunstfliegen. Ganz unerklärlich. Am Wetter kann es nicht liegen. Der Wind hat nicht gedreht und der Himmel sieht noch ebenso aus wie vor einigen Stunden.
Etwas weiter oben, an einem Absturz, wo das Wasser rauschend verwirbelt, offenbart sich des Rätsels Losung: Über dem Gumpen liegt ein leichter Geruch nach Seife und Waschmitteln. So sauber manche Gewässer noch - oder schon wieder - sind, hin und wieder hat es dabei auch „Ecken und Kanten".

Sommergewitter

So es die Urlaubstage und die entsprechende Jahreszeit erlauben, ist wie in jedem Jahr auch immer ein Angelausflug an den Oberlauf der Wilden Gera vorgesehen. Einige Kilometer abwärts im Unterlauf,

wo der Fluss viel breiter und tiefer ist, sind sicher weitaus mehr und bessere Fische zu erwarten. Es ist die Landschaft, die auch nach wiederholten Besuchen nichts an ihrem Reiz verloren hat. Ein enges, leicht gewundenes Tal, gesäumt mit den Nadelholzwäldern der beiderseits steil aufstrebenden Berghänge. Durchzogen von dem, in sanften Mäandern, von einer Seite zur anderen wechselnden Flusslauf. Umgeben von lichtem Buschwerk und dichtwuchernden Himbeer- und Brombeersträuchern. Die Berglehnen schieben sich stellenweise soweit hervor, dass sie gerade mal dem Gewässer und der schmalen Straße Durchlass gewähren. Aber dort, wo der Wald nicht bis an die Ufer heranreicht und die Talsohle sich etwas weitet, ist es ein einzigartig naturbelassener blütenreicher Wiesengrund. An der rechten Seite führt, oben am Hang, den schlanken Windungen des Berges folgend, auf hohen Naturstein-Stützmauern, die Eisenbahnlinie vom Brandleitetunnel talwärts.
Trotz Straße und Bahn ist es hier wohltuend ruhig und einsam. Selten begegnet man einem Fahrzeug und nur wenige Wanderer „verirren“ sich in diese Gegend. Die, auf der Trasse, verkehrenden Züge sind eher eine Abwechslung als eine Störung. Imposant anzuschauen, der sich schwer bergwärts arbeitende Güterzug oder ein rauschend abwärts rollender Schnellzug, immer mit den Bremsen spielend, um nicht übermäßig in Schussfahrt zu geraten.
Dieses schöne Fleckchen Erde ist Ziel des heutigen Angelausflugs. Der gesamte Gewässerabschnitt in diesem Tal ist nur den Fliegenfischern vorbehalten, was von vornherein die Schar der Angler begrenzt. Obendrein gehört hier einiges Geschick dazu, zwischen mitunter dichtem Buschwerk die Fliege auf dem Wasser zu platzieren und nicht irgendwo im reichlich vorhandenen Geäst. Vorwiegend Erlen sind die „Lieblingsbäume“ des Fliegenfischers, dort „verbeißen“ sich die Fliegenimitationen am zähesten und die Wiedererlangung erfordert oft die eigenartigsten Kunststücke. Vielleicht versteht mancher die künstlichen Fliegen auch deshalb als Kunstfliegen?
Gemächlich geht es das Kehltal hinab. Ohne Eile. Auf der anderen

Seite der Talsohle, den Blicken durch eine schmale Jungfichtengruppe entzogen, lockt das Flüsschen mit sanftem Rauschen und Plätschern.
Zunächst führt der Weg noch ein ganzes Stück flussab, denn gefischt werden soll der Fließrichtung entgegen. Das ist, in einem so schmalen Gewässer, die bessere Praxis. Mit den Watstiefeln geht es sich gut am Ufer entlang. Nicht, dass das Wasser so tief wäre, was sie unbedingt nötig macht, aber in den leichten kurzen Stiefeln wurde schon manch unangenehme Erfahrung gesammelt. Wie schnell rutscht man ab, auf dem moosbewachsenen Grund oder am Rand eines Kolks. Im Morgentau, am Ufer entlang, durch hüfthohes feuchtes Gras zu streifen, wiegt die etwas schwerere Beinbekleidung mehrfach auf.
Unterhalb der Straßenbrücke, in einem weitausgewaschenem Gumpen, senken sich unsere ersten Würfe. Allzu beißfreudig scheinen die Forellen heute nicht zu sein, denn auch nach wiederholtem Anbieten hat sich noch kein Interessent für die Fliege gezeigt. Vielleicht gefällt auch nur das angebotene Muster nicht. Der Tag ist ja noch lang und so genießen wir die erholsame Umgebung, wenn man sich mal nicht so auf den Fisch konzentriert.
Gemeinsames Fischen, an einem schmalen Gewässer, hat seine Grenzen und so ist es ganz natürlich, dass einer vorausgeht und der andere einwenig „nachfischt“. Zählt doch letztendlich das gemeinsame Naturerlebnis am Fischwasser.
Weiter oben wechselt der Fluss die Talseite. Er kommt in langgezogenen tiefausgewaschenen Kaskaden entgegen. Hier erfolgt, nach so vielen Würfen, überraschend der erste Anbiss. Eine gute Forelle, die sich zu wehren weiß. Sie ist kaum zu bremsen. In heftigen Fluchten strebt sie, von Kaskade zu Kaskade, weiter flussabwärts. In ihrer Turbulenz, für das dünne Vorfach und die kleine Fliege, letztendlich unhaltbar, aber der erste Fisch hat sich gezeigt. Der Jagdinstinkt ist geweckt.
Oben, an der Biegung, passiert es, dass sich die Fliege, so richtig „hinterhältig“, im oberen Astwerk verheddert. Ei, ei - das kann

dauern. Inzwischen strebt mein bester Angelfreund, ermutigt durch den vorausgegangenen Teilerfolg, ein Stück voran. Nach geraumer Zeit kommt er mit dem Kescher in der Hand angestürmt und ruft begeistert: „Ich hab‘ eine Kapitale!“ Nun, wenn man noch jung ist, sind mitunter die Dimensionen etwas verschoben, aber es ist eine sehr gute Forelle. Zumal für diese Gegend. Weidgerecht versorgt er seinen Fang und hüllt ihn zwischen Brennnesseln, welche den Fisch bei warmer Witterung über längere Zeit frisch halten, in ein sauberes Tuch.
Die Kletterei, uferauf und -ab, das Waten zwischen dem groben Geröll im Wasser und die schon fortgeschrittene Tageszeit, haben recht hungrig gemacht und die Zunge ist auch ganz trocken, trotz des vielen Wassers rundum. Ein gemütliches Plätzchen zum Frühstücken findet sich hier überall und es tut gut nur den Stimmen der Natur zu lauschen. Von der hohen Mauer, aus dem bergwärts schnaufenden Personenzug, winken einige Reisende zu den einsamen Anglern herab.
Lang erstreckt sich der Wiesengrund hinter dem Bergvorsprung und das Flussbett schmiegt sich an seinem Hang entlang. Die Ruten der Himbeersträucher hängen einladend über das Ufer, um gleich vom Wasser aus, als Nachspeise, noch einige Beeren zu pflücken.
Gleich nach der Stärkung bringt der erste Wurf eine Forelle. Sie ist aber noch halbwüchsig, wird vorsichtig von dem winzigen Haken gelöst und mit guten Wünschen wieder „nach Hause“ geschickt. Die Fische haben wohl auch Appetit bekommen, denn die Anbisse werden haufiger. Es scheint, als ob unter jedem größeren Stein und der kleinsten Ufernische ein Fisch seinen Einstand hat.
Die meisten sind jedoch klein und werden wieder entlassen, um fernerhin für ihre Arterhaltung und Vermehrung zu sorgen. Einige Anbisse gehen auch daneben, weil man manchmal nicht schnell genug reagiert oder die Forelle den Betrug bemerkt. Das macht eben auch den Reiz des Fischens aus.
Über unserem Eifer fällt mit einemmal auf, dass es in der Umgebung recht ruhig geworden ist. Die Vögel sind merkwürdig verstummt.

Kein Gesang mehr, nur ab und an ein zaghaftes Piepsen. Dafür ist ein gedämpftes Grollen und Rumpeln zu vernehmen. Die Natur duckt sich vor dem herannahenden Gewitter, das sich hinter den Bergen zusammenbraut, es kommt nur noch nicht richtig über diese hinweg. Hoffentlich verzieht es sich in andere Richtung. Gerade jetzt, wo die Fische so gut beißen, fällt das umkehren schwer.
Das Gewitter hat aber letztendlich den Weg über die Berge gefunden und so fängt es gleichzeitig mit einem heftigen Donnerschlag tüchtig an zu regnen. Nun schnell irgendwo unterstellen! Aber wo? Weit und breit kein Dach und keine Eisenbahnbracke. Noch nicht einmal ein großer Laubbaum in der Nähe, wo wenigstens für einige Minuten bescheidener Unterschlupf zu finden wäre. Selbst die kleine Straßenbrücke ist viel zu weit entfernt. Ein Trost: Es wäre sowieso recht unbequem, für längere Zeit darunter zu hocken.
Übrig bleibt nur der Sprint zum Auto. Aber genau so gut hätten wir auch gemütlich gehen können. Bis das schützende Dach erreicht ist, ist die Kleidung vollkommen durchgeweicht. Bei größeren Ausflügen haben wir zwar immer etwas Ersatzkleidung dabei, nur hier in der Nähe sind es gerade mal trockene Strümpfe. Jetzt geht es schleunigst nach Hause.
So schnell wie das Gewitter kam, hat es sich auch wieder verzogen. So kommt uns die Idee, nach den „hungrigen" Forellen vom Vormittag am Nachmittag noch einmal vorbei zu schauen. Die Anfahrt ist nur kurz über den Berg hinweg und außerdem haben wir Urlaub. Nach einer ruhigen Kaffeepause geht es in die zweite Runde des Tages. Über dem Tal ist es nicht mehr so duster, helle Wolken ziehen über den Himmel und der Fluss hat sich durch den vorausgegangenen Regen kaum verändert. Das Wasser ist ebenso klar wie vor dem Gewitter.
In dem Flussbogen, etwas unterhalb der Stelle, wo am Mittag das Wetter den Abbruch erzwungen hat, beginnen wir erneut. Nur, es zeigt sich keine einzige Forelle mehr. Eine gute Stunde befischen wir den Gewässerabschnitt, aber der Fluss erscheint wie ausgestorben.

Wenn wir es nicht besser wüssten, würden wir hier gar nicht allzu bald wieder fischen. Zu einer grundlegenden Erkenntnis hat dieser abwechslungsreiche Tag verholfen: „Kurz bevor's gewittern tut, beißen die Forellen gut! Nach dem Donnern and dem Blitzen, sie fest in ihrem Einstand sitzen."

Der Karpfenkolk

Angeln kann man so gut wie jeden Fisch, vom kleinsten bis zum allergrößten, gehört er nicht gerade zu einer seltenen Art, wofür Fangverbot besteht. Und so zahlreich wie die Arten, so verschieden sind auch die Praktiken, ihrer habhaft zu werden, wobei sich nicht wenige Petrijünger, je nach anglerischer Einstellung und Interesse, auf bestimmte Fische und ihre Fangmethoden spezialisiert haben. Ebenso besteht, wie für das jagdbare Wild der Grünen Zunft, auch für die meisten Schuppenträger eine Schonzeit, die unterschiedlich lang sein kann. Da ist es wohl verständlich, dass gar mancher, nach langer „Abstinenz", die Tage zählt bis zum Beginn der neuen Saison. Zumal diese mitunter dann noch viel kürzer erscheint, als sie ohnehin ist, denn die wenigen Monate vergehen oft viel zu schnell.

So haben auch wir in diesem Jahr, nach einem verregneten Frühling, den Mai herbeigesehnt. Den Beginn der Salmonidensaison. Obwohl die nähere Umgebung nicht eben reich an so sauberen Gewässern ist, worin sich die Forelle heimisch fühlt, gibt es ein paar Bäche und kleine Flüsse, die auch nach getaner Arbeit noch zu erreichen sind.

Ein Kleinod solcher Art hat es uns ganz besonders angetan. Dieses muntere Flüsschen windet sich, am Rande einer Kleinstadt, durch ein idyllisches Wiesental. Umgeben von bewaldeten Berghängen, fernab turbulenter Fahrstraßen. Der feste steinige Grund des Flussbettes entlässt nicht, wie so mancher Bach, bei jedem Schritt eine breitziehende Staubfahne und die flachen Ufer sind fast ausnahmslos gut begehbar, abgesehen von den allgegenwärtigen hohen Brennnesseln und reichlich vorhandenem Buschwerk.

Ein Gerücht geht um, schon seit einiger Zeit: Die Mauer der Aumatalsperre soll revidiert werden. Das funktioniert aber nur, wenn diese komplett abgelassen wird, hinein in unser idyllisches Forellenwässerchen. Das werden sie uns doch nicht ausgerechnet in der kurzen Saison antun.
Sie taten es! Bereits bei der Anfahrt zu der erhofften Pirsch mit der Fliegenrute offenbart sich schon aus der Ferne ein ungewohntes Rauschen, das gar nichts Gutes ahnen lässt. In kräftigen Wellen, fast über die Ufer schwappend, stürzen die Wassermassen eilig durch das Tal. Da die Sperrmauer, über all die Jahrzehnte, aber nicht nur das Wasser, sondern auch eine ganze Menge Ausgeschwemmtes von den weiter oberhalb liegenden Feldern gesammelt hat, ist gut vorstellbar, was da alles in der braunen Flut talwärts stürzt. Hier ist wohl nicht gar so bald wieder an ungetrübtes Fischen zu denken.
Wochen danach, reizen die Sehnsucht und die Neugier dann zu einer ersten „Stippvisite". Malerisch schön, mit einem zarten Nebelschleier über den Wiesen, liegt das Tal im Farbenspiel des Spätsommermorgens. Der Fluss plätschert wieder in altgewohnter Weise, aber sein Antlitz hat sich verändert.
Klarer fließt es schon wieder, doch der so gepriesene saubere Grund ist dahin. Jeder Schritt im Flussbett, die kleinste Bewegung, trübt das Wasser auf langer Strecke. Auch an den Ufern hat der tobende Ablass seine Spuren hinterlassen. Einiger Gewitterregen und Schneeschmelzen wird es wohl bedürfen, um das Flussbett wieder zu dem werden zu lassen, was es einmal war.
Aber was heute alles auf die Fliege beißt, vom kleinsten Stichling bis zum guten Döbel, nur keine Forelle ist dabei. Die altbekannten Einstände und größeren Steine sind verschlammt und versandet.
Zu einem letzten Versuch, eine Forelle aufzuspüren, begeben wir uns an einen halbwegs tiefen langgezogenen und verwurzelten Kolk. Ein idealer Einstand, an dem früher ein Versuch nur selten unbelohnt blieb. Doch auch hier hat sich einiges verändert, von der Wassertiefe ganz zu schweigen. Der große Kolk hat sich zu einem Karpfenbecken gewandelt. Drei mächtige dunkle Fische

durchziehen ruhig diese Stelle, die sie wohl vor dem nächsten Hochwasser kaum verlassen werden. Flussaufwärts und auch abwärts ist es hier streckenweise sehr flach.
Auf Karpfen hatten wir uns eigentlich gar nicht eingestellt, aber diesem Anblick kann wohl kaum ein richtiger Angler widerstehen. Geht es hier momentan auch ein bisschen „Drunter und Drüber“, es ist - und bleibt hoffentlich - ein Salmonidengewässer und da werden eben nur bestimmte Köder verwendet.
Blinker und Spinner wirken ja wohl kaum auf Karpfen appetitanregend. Bei den selbstgefertigten Fliegen müsste etwas dabei sein. Die kleineren finden allerdings nicht das gewünschte Interesse und die größeren Muster reizen auch nicht recht zum Anbiss. So eine kleine „Nachhilfe“ wird ja ausnahmsweise erlaubt sein: Von unserem Proviant kommt ein kleiner Brocken mit auf den Fliegenhaken. Und - das klappt.
Mit der nun so „beschwerten“ Nassfliege erfolgt, aus guter Deckung hinter einer Erle, ein kurzer Pendelwurf in den Einlaufbereich des Kolks und Sekunden danach hat ein Fisch den Köder genommen. Eines der kräftigen „U-Boote“ kämpft an dem feinen Vorfach und vorsichtig muss man die Fluchten parieren. Da dehnt sich die Zeit, bis sich der Karpfen überhaupt erst einmal sehen lässt. Und dann ist er noch lange nicht gelandet. Da kann der zweite Mann, beim vorsichtigen Keschern, sehr hilfreich sein. So einen großen Fisch, von einundsechzig Zentimeter und gut acht Pfund, hatten wir noch nicht im Watkescher.
Das ist mal etwas anderes, aber wohl auch nur Einmaliges: Das „Fliegenfischen“ auf Karpfen. Wir belassen es weiterhin bei den Salmoniden. Diese Stelle hier, in „unserem“ Fluss, bleibt aber der Karpfenkolk.

Schwarzwild im Drill

Der Erdball hat auf seiner Jahresrunde, um unser Licht und Wärme spendendes Tagesgestirn, schon ein beträchtliches Wegstück zurückgelegt. Die Sonne beschreibt nur noch einen flachen Bogen von Horizont zu Horizont. Die Tage sind merklich kürzer geworden und am Himmel ziehen tiefe graue Wolken ihre Bahn. Der Wind fegt buntes Laub in allen Schattierungen durch die Straßen und die Zugvögel haben sich längst gen Süden aufgemacht. Es ist November. Für einen Angelausflug zu dieser Jahreszeit wird der dicke Lodenmantel wieder hervorgeholt und unser Weg führt uns noch einmal an die Talsperre Zeulenroda, um vielleicht einen Hecht zu fangen.
Nach der Anfahrt durch den morgendlichen Herbstnebel, wird auf dem kleinen Parkplatz, welcher durch eine breite Fichtenschonung von der Sperre getrennt ist, zur Angelpirsch gerüstet. Ein zweites Fahrzeug ist noch angekommen, wo sich fast der gleiche Vorgang vollzieht, nur dass da kein Angelgerät geschultert wird, sondern eine Doppelflinte. Es ist ein Weidmann, der sich zur Pirsch anschickt. Nach kurzer Unterhaltung, mit ein wenig „Latein" aus beider Zunft vermischt und den üblichen Grüßen, zieht der Jägersmann in das Unterholz diesseits der Talsperre und wir nehmen den Weg über die Brücke zum gegenüberliegenden Ufer.
Der Wasserspiegel ist um gut einen Meter gefallen, somit ist ein breiter fester Uferstreifen begehbar und man braucht sich nicht mit den Gerätschaften durch das Gestrüpp zu zwängen. Ansitzangeln wäre wohl heute nicht die richtige Wahl. Der Wind bläst in einer steifen Brise von hinten die Böschung herunter und treibt kleine Wellen über den Stausee. Das Angeln mit der Spinnrute hält den Körper in Bewegung und es lässt sich ein weitaus größerer Bereich befischen.
„Werden sie heute beißen?" Diese Frage stellt sich an jedem Angeltag. Bei diesem Wetter und zu der Jahreszeit stehen die Hechte tiefer und dementsprechend werden die Blinker und Wobler

hauptsächlich in diesen Wasserschichten geführt. Probieren geht über Studieren und Ausnahmen bestätigen die Regel.
Außer einem neugierigen Hechtlein bewegt sich die erste Stunde nicht viel, bis mit dem steten Wandern entlang der Wasserkante ein Abschnitt erreicht ist, der sich in seiner Beschaffenheit von der Umgebung abhebt. Die Böschung tritt an dieser Stelle weit hervor und setzt sich hügelig bis zum Grund des Wassers fort. Ein so genannter Barschberg. Die Montage wird mit einem feineren Vorfach versehen und der Augenblinker durch einen kleinen Kupferspinner ersetzt. Hier geht es wesentlich lebendiger zu. Außer einer beträchtlichen Anzahl kleiner Barsche, die alle wieder in ihr nasses Element entlassen werden, landen wir auch drei stattliche Exemplare, die schon für ein gutes Abendessen ausreichen.
So langsam macht sich der kalte Wind bemerkbar, der nun durch den dicken Lodenmantel gekrochen ist und auch merklich an den Fingern zwickt. Unser Ziel ist eine weitausholende Bucht, rundum mit Fichtenhochwald bestanden, wo etwas mehr Schutz vor dem steifen Wind zu erwarten ist. Hier findet sich recht schnell ein geschütztes Fleckchen, wo sich gut verweilen lässt. Erst einmal etwas aufwärmen und stärken. Die belegten Brote aus dem Rucksack und der heiße Tee aus der Thermoskanne wecken die Lebensgeister zu neuen Taten.
Wer darauf hoffte, dass der Wind gegen Nachmittag nachlässt, hat sich wohl verrechnet. Der Wellengang auf der Seefläche lässt eher vermuten, dass er mehr an Schärfe zulegt. Viele Enthusiasten hat das Wetter nicht hinter dem Ofen vorgelockt. An beiden Uferkanten, auf und ab, ist kein Gleichgesinnter zu sehen. Ganz weit oben, unterhalb des Bacheinlaufs, in einer kleinen Bucht auf der Gegenseite, ist mit dem Glas ein ebenso Unentwegter auszumachen, obendrein noch beim Ansitzangeln. Na dann, Petri Heil!
Aus der Ferne hallt der Knall eines Schusses über das Tal. Na, guck an, unser Grünrock scheint Weidmanns Heil zu haben. Dem wollen wir nicht nachstehen. Die Angeln sind wieder mit der schweren

Montage versehen und im Windschatten des Waldes ist der Aufenthalt ganz angenehm. Die Ausdauer hat sich gelohnt. Nach zwei untermaßigen, fangen wir auch noch einen ganz stattlichen Hecht. Dabei wollen wir es für heute belassen.

P e e n g, p e e n g - peitscht es noch einmal aus den beiden Läufen der Doppelflinte. Als wir aus der Biegung der Bucht heraustreten,

sehen wir den Weidmann unterhalb der Brücke gestikulierend am Ufer auf und ab rennen. Was ist hier passiert? Das müssen wir uns aus der Nähe ansehen. Draußen auf dem Wasser treibt ein erlegtes Wildschwein. Die Wellen tragen es immer weiter hinaus und ob oder wann es auf diese Weise überhaupt jemals auf der Gegenseite ankommen wird, steht außer Frage. Fin Boot ist auch nicht in der Nähe.
Eine Möglichkeit, den Weidmann zu seinem erlegten Wild zu verhelfen, könnte sich unsererseits bieten, aber ein bisschen gefoppt werden sollte er schon noch. Nach seiner Schilderung, über das Missgeschick, wird ihm zunächst der einzigmöglich erscheinende Vorschlag unterbreitet: Schuhe, Mantel und einige diverse Kleidungsstücke ablegen und hinschwimmen. Unendlich lang kann dieses Spiel nicht ausgedehnt werden, sonst ist das Objekt des Unterfangens außer Reichweite.
Beide haben wir dreißiger Schnur auf der Rolle und einen schweren Blinker mit großem Drilling montiert. Es könnte klappen. Der rückwärtige scharfe Wind unterstützt den Weitwurf, aber er lenkt auch kräftig mit. Etliche Würfe gehen unter diesen Bedingungen verständlicherweise daneben, bis sie endlich von Erfolg gekrönt sind und die Drillinge in dem Keiler greifen. Nun gilt es, das Angelgerät feindosiert einzusetzen und nicht mehr als nötig zu strapazieren. Eine zweite Chance gibt es sicher nicht. Ganz vorsichtig, unter stetem Zug, Welle um Welle den Abstand verkürzen. So wird endlich der erlegte Schwarzkittel gelandet. Was sagt man nun eigentlich, zu so einem nicht alltäglichen Erfolg, Weidmanns Heil o d e r Petri Heil?

Anangeln

Angeln kann man praktisch das ganze Jahr hindurch. Wenn man möchte. Wie einige Fischarten ihre Schonzeiten haben, räumen wir dem ganzen Umfeld eine gewisse Ruhezeit ein. Eine Pause der Besinnlichkeit und der Vorfreude.

Angeln soll das bleiben was es immer war und in unserer modernen von Unrast und Tempo geprägten Zeit sein kann. Entspannung, Erholung und ein wenig Nahrungsbeschaffung. Dabei kommt es sicher einer großen Zahl der Petrijünger nicht unbedingt auf kapitale Fangergebnisse an.

Es ist seit Jahren für uns Tradition, dass vor der Osterwoche das Angeljahr beginnt. So ist auch diesmal alles zum Anangeln vorbereitet. Die Vorfreude ist nur ein bisschen getrübt, durch eine vorausgegangene langanhaltende Schlechtwetterperiode, aber keineswegs vermiest.

Die Ausrüstung wurde schon am Vorabend verstaut. Nach dem gemeinsamen Frühstück und dem Versprechen, zum Mittagessen wieder daheim zu sein, brechen wir auf. Der Himmel ist immer noch wolkenverhangen, aber zum Glück regnet es nicht mehr.

Bald ist die kleine Stadt gleichen Namens wie unser Flüsschen erreicht und nach der Steigung hinter dem Altstadtbahnhof geht es hinab ins Tal. Auwei, auwei! Wasser kommt hier wirklich mehr als erwartet. Eine flotte Strömung und obendrein recht trüb. Nun sind wir einmal hier zu unserem Anangeltag. Es geht ja nicht nur um den Fischfang. Es ist immer auch eine Wanderung durch die vielfältige Flusslandschaft, mit ihren Botschaften des Frühlings und allen Eindrücken der erwachenden Natur, nach der langen Winterruhe.

Die gewohnte Route, am linken Ufer talaufwärts, fällt heute aus. Ein Teil der Wiesen ist überflutet und gleicht einem großen See. Notgedrungen geht es auf dem Waldweg am Hang entlang und auch hier wurde man ohne Gummistiefel nur mühsam vorwärts kommen. Der Boden ist sehr durchgeweicht.

Der hohe Wasserpegel unterhalb des Weges, ohne die geringste Aussicht die leichte Stipprute hier irgendwo zum Einsatz zu bringen, ist nicht gerade das Wunschbild dieses Ausflugs, aber die gute Laune verdirbt es dennoch nicht. In der Natur regt sich zu jeder Jahreszeit, immer und überall, viel Sehenswertes und Interessantes.

Verhalten ist das Werkeln eines „Zimmermann“ des Waldes zu vernehmen. Nach der Wegbiegung, hinten in der Senke, sitzt ein Schwarzspecht am Stamm einer alten verdorrten Fichte und hämmert sein Frühstück aus dem morschen Holz. Mit kräftigen Schlägen befördert der spitze Schnabel Splitter um Splitter auf den Waldboden, um die tief unter der Rinde verborgenen Käferlarven freizulegen.
Der Weg senkt sich allmählich in das Tal und führt auf die andere Seite des Flusses. Hier hat sich das Wasser nicht so ausgebreitet. Die Ufer liegen etwas höher und entsprechend begehbar ist das Gelände. Weiter oben sind sogar die Kühe auf der Weide.
Unterhalb der Brücke, in einer weiten Ausspulung, stehen immer einige Plötzen. Heute natürlich nicht. Vor den Widerlagern der Brücke bäumt sich das Wasser, brodelt und schiebt als müsste jede Welle die erste sein, welche unter ihr hindurchfließt.
Der Tag lässt sich aber noch ganz gut an. Die Wolken haben sich etwas aufgelockert und hier und da ist schon ein Stück blauer Himmel zu sehen. In den größeren Kehren ist das Wasser ruhiger und lässt hoffen, dass nicht gleich beim ersten Wurf der Schwimmer davongetragen wird.
Dass die Fische nach dem angebotenen Köder nicht „Schlange stehen“ ist verständlich. Es ist ja auch nur ein erster Versuch, in den quirligen Wassern dieses Frühjahrs. Die leichte Pose tanzt auf den Wellen und die wenigen Anbisse sind mehr zu erahnen. Der bescheidene Fang, es sind einige kleine Plötzen und Barsche, wird wieder zurückgesetzt, in der Hoffnung auf bessere Tage.
Mittlerweile hat sich um uns eine beträchtliche Zuschauerschar eingestellt. Fast die ganze Kuhherde ist neugierig versammelt. Vielleicht empfinden sie es als Abwechslung an diesem tristen Tag. Nur ein Tier hält sich weit abseits. Ist es etwa krank? Oh nein. Ein neues Leben wird geboren.
Die „Entbindung“ dauert noch an, indes wir weiter flussaufwärts gehen, bis zum Wehr unterhalb der Talsperre. Im seichten Wasser steht ein Graureiher. Als er uns wahrnimmt streicht er ab, zum

Waldrand hin. Die Nahrungsbeschaffung wird wohl auch ihm heute einige Probleme bereiten.
Der Rückweg führt wieder in die Nähe der Kuhherde. Das Kälbchen hat inzwischen das Licht der Welt erblickt. Noch ganz feucht liegt es im Gras, doch schon recht munter, mit erhobenem Haupt.
Anangeln mit bescheidenem Fang und interessanten Begegnungen.

Die Vegetarierin

Der Sommer ist vergangen und so neigt sich die Salmonidensaison, für dieses Jahr, ihrem Ende entgegen. Eine lange Schonzeit ist der Forelle gewährt. Sieben Monate lang ist sie vor den Nachstellungen der Angler sicher und die ohnehin knappe Saison erscheint noch um ein weiteres kürzer, wenn man aus beruflichen und familiären Gründen seiner Passion nicht allzu oft frönen kann.
So war es auch in diesem Jahr. Gerade mal Anfang Mai, konnten wir nur wenige erholsame Stunden am Fischwasser verbringen, dann hielten uns andere Aufgaben davon fern und nur den Gedanken war es ab und an vergönnt, in die Weiten der Umgebung zu schweifen.
Nun sind die größeren Aufgaben bewältigt und zu einem erfreulichen Abschluss gebracht. Der Alltag verläuft wieder in gewohnten Bahnen. Draußen beginnen sich, so nach und nach, die Farben zu wandeln und die Früchte stehen in voller Reife.
Ein herrlicher Septembertag lockt raus in die Natur. Eine halbe Ewigkeit dünkt es, dass wir nicht mehr hier waren, an unserem Forellenbach. Seit der Zeit haben sich einige Einstände verändert und das Wasser manch neue geschaffen.
Ein ganzes Stück voraus, von den Zweigen der überhängenden Erlen gut verborgen, steht schon ein Fischer im Wasser. Seine stelzigen Beine, mit den dünnen „Waden“, verraten ihn. Von Interessengemeinschaft und Erfahrungsaustausch hält er allerdings nichts. Er hat uns wohl auch viel früher entdeckt, als wir ihn, und

mit langsam rudernden Flügelschlägen strebt der Graureiher den weiter unten stehenden Eichen zu, um hoch oben aufzubaumen.
Manche Forelle fingen wir schon, der er seine unverkennbare „Tätowierung“ geprägt hatte: Zwei beieinander liegende, narbige Streifen, quer über beide Flanken. Ein untrügliches Zeichen dafür, dass der Fisch einmal bekannt wurde, mit diesem langen Schnabel, dem er sich wieder entwinden konnte.
Tröstlich dabei, dass sich der Fischreiher, wie er auch genannt wird, der Graue, nicht ausschließlich von Fischen ernährt, wie sein, nicht ganz so sympathischer, entfernter Verwandter, der Kormoran. Er gestaltet seinen Speiseplan ein wenig abwechslungsreicher und verleibt sich auch anderes Getier, wie Mäuse, Frösche und Schlangen ein und verschmäht auch Würmer und Insekten nicht.
Aus der Baumgruppe, in die er entschwunden war, hebt nun ein Pärchen ab, um weiter flussabwärts zu streben. Entwickelt sich seine Sippe nicht allzu umfangreich, wird dieser große Vogel immer eine Bereicherung und ein besonderer Farbtupfer in dieser Landschaft bleiben.
Wie unser graugefiederter „Kollege“ erhoffen auch wir heute einen Fang, zumal schon einige größere Forellen in den Oberlauf ziehen. Eine kleine Zugabe für das Abendbrot sollte es schon werden, aber außer einem akzeptablen Barsch, hatten wir noch kein weiteres Angebot. Für solchen Fangerfolg, zumal wenn es nicht allzu gut beißt, haben die Petrijünger auch immer einen entsprechenden Sinnspruch parat: Denn, ist der erste Fisch ein Barsch, ist der ganze Tag im Eimer. Oder so ähnlich.
Wir geben die Hoffnung nicht auf und Ausnahmen bestätigen die Regel. Eine recht ansehnliche Regenbogenforelle landet schließlich im Unterfangkescher und wird nun versorgt. Vom Weidwerk her ist es zur Gewohnheit geworden, das Wild an Ort und Stelle zu versorgen. So halten wir es auch mit jedem Fisch, gleich welcher Größe, wobei ab und an der Mageninhalt interessante Erkenntnisse zum Nahrungsangebot in den Gewässern liefert.
Bei den Forellen ist es die Insektenvielfalt im und am Wasser. Der

wahre Raubfischcharakter offenbart sich gelegentlich mit einer erwischten Wasserspitzmaus oder einem verschlungenen Frosch,

wobei die langen Hinterbeine fast im „Halse“ stecken und dennoch hat sie die künstliche Fliege genommen.
Der jetzige Fang zeigt einen so noch nie gesehenen eigenartig dunklen Inhalt und der Magen ist prall gefüllt damit. Noch recht verdutzt, gleitet ganz nebenbei der Blick übers Wasser und entdeckt die Ursache dieser farblich so abweichenden Verdauung.
Im Bogen des Kolks, genau vor dem Einstand der Forelle, beugt sich ein Holunderstrauch über das Wasser und hat sich schon, zu einem großen Teil, seiner reifen Beeren entledigt. Das war wohl dieser Forelle Anlass genug, sich ein solches Angebot vitaminreicher Kost nicht entgehen zu lassen.
Die Natur bietet immer wieder neue Rätsel und hält manche Überraschung bereit. Von den Döbeln ist ja bekannt, dass sie sich an Kirschen gütlich tun. Aber, dass Forellen auch unter die „Vegetarier“ gehen? So etwas ist uns, in all den Jahren der Fischweid, noch nicht begegnet.
Ein interessanter und erholsamer Nachmittag neigt sich dem Abend entgegen und in beschaulicher Ruhe führt der Rückweg am Ufer entlang. In pfeilschnell schnurrendem Flug, dem schmalen Bachlauf folgend, kommt ein alter Bekannter vorüber. Der Königsfischer, ein Relikt aus längst vergangenen tropischen Tagen Europas, ein fliegender Edelstein, der Eisvogel. Immer in Eile und nur selten trifft man ihn beim Verweilen an. Sein schrilles „tititititititiiii“ grüßt noch weit unten vom Bach herauf.

Südwärts

Gut, dass nicht alle Menschen dasselbe Hobby haben und es nicht jeden in die gleiche Landschaft zieht. Wie überfüllt wären die Seestrände oder welches Gedränge gäbe es womöglich auf den Gipfeln der Berge? Wohl nur mit den vielseitigen Neigungen und Bestrebungen, konnte sich die Menschheit zu dem aufschwingen, was sie aus den Primaten hervorhebt.
Schon in den Jahren des Heranwachsens war es selten der Wald al-

lein, der im Denken und Handeln des sich formenden Naturfreundes einen großen Stellenwert besaß. Immer gehörten zu einem harmonischen Gleichklang, auch die Berge und die in den Tälern teils verträumt flüsternden, teils wild rauschenden Wasser, wovon es, in den vergangenen Jahrzehnten, durchaus sehr schöne, aber nur begrenzte Möglichkeiten des Naturerlebens gab. Thüringer Wald und Erzgebirge waren, immer wieder und zu allen Jahreszeiten, zur Erkundung eine Reise wert. Der Harz und ein bisschen Rhön gehörten freilich auch dazu, aber weiter ging es eben nicht, - gen Westen!

Eines schönen Tages, gewissermaßen über Nacht - aber bei weitem nicht aus heiteren Himmel - sah es auf einmal aus, als hätten alle Menschen dasselbe Hobby: Riesige Heerscharen von Autos wälzten sich alle in eine Richtung. Fast grenzenlose Freiheit für den Trabi, er durfte so weit fahren wie er wollte - und konnte.

Nachdem sich der große Rausch etwas gelegt hatte, die Verkehrsverhältnisse auf den Straßen ein erträglicheres Maß annahmen, brachen auch wir zu einigen Stippvisiten auf. Dem Frankenland und der Oberpfalz galten unsere ersten Kurzbesuche. Dabei fand sich ein herrliches Fleckchen Erde mit einer kleinen Pension, wo wir einige schöne und erholsame Tage verbrachten. Dieser ruhige Ort ist nun, einige Zeit später, Ziel für einen Urlaub der ganzen Familie.

Die Reiseroute liegt abseits der starkbefahrenen Autobahn. Die Landstraße erfordert zwar ein wenig mehr an Zeit, was jedoch durch die nicht gar zu befahrene Strecke, in einer abwechslungsreichen Umgebung, mehr als aufgewogen wird.

Nach gut zweistündiger Fahrt formt sich die Landschaft des Reisezieles. Hügel, Wälder, Wiesen und viele Gewässer. Kleinere und größere Weiher, klare Bäche und Flüsse, eine Augenweite für passionierte Angler: Die Oberpfalz.

Die kleine Pension, abseits der Landstraße, einsam auf einer Anhöhe gelegen, ist dann auch bald erreicht. Behaglich eingerichtete Zimmer, sowie eine schöne geräumige Ferienwohnung, mit Rundumblick in die herrliche Umgebung, versprechen einen angenehmen Aufent-

halt. Für das leibliche Wohl wird in der dazugehörigen Gaststätte gesorgt.
Nachdem das Gepäck in Schränken und Schubladen verstaut ist, der Körper labende Erfrischung und Stärkung erfahren hat, steht einer ersten Kurzexkursion in die nähere Umgebung nichts mehr im Wege.
Der Weg vor dem Haus führt weit in die hügelige Landschaft hinaus, vorbei an wogenden Getreidefeldern und blühenden Wiesen, durch schattenspendenden Fichtenwald mit Buschwerk aus Hagebutten- und Schlehensträuchern. Eine Sitzbank, an einem kleinen Weiher, lädt zum Verweilen ein und die gemächlich durch das Wasser ziehenden Karpfen übertragen ihre Ruhe auf die, meist Lärm und Eile gewohnten, Besucher aus der Stadt.
Der Blick gleitet über die mischwaldbewachsenen, mit Felsen durchsetzten Anhöhen, an deren Ausläufer sich hier und da kleine Ortschaften malerisch anschmiegen. Über die grünen Ährenfelder streicht sanft der Wind und vermittelt den Eindruck einer großen bewegten Wasserfläche, was durch die Schattenflecken, der über den Himmel ziehenden Wölkchen, noch unterstrichen wird.
Eine Frieden vermittelnde Umgebung, wo man so recht, wie es heißt, die Seele baumeln lassen kann. Oder wie es ein alter Freund praktisch sah, er war Elektromeister: „Hier kann man die Seele erden." Die Alltagslasten fließen einfach ab. Sie werden geerdet.
Nach der Abendmahlzeit werden, bei erfrischenden Getränken, durch Prospektmaterial und eine Geländekarte unterstützt, die Wanderrouten für die nächsten Tage beraten. Vor allem aber, sollen dabei die Gewässer der näheren Umgebung auf ihre Beangelbarkeit und den zu erwartenden Fischbestand inspiziert werden.

Am Butterfass

Auch im Urlaub wird der Tag nicht verschlafen. In aller Frühe hängen schon, von der fleißigen Wirtin besorgt, die frischen Brötchen an der Wohnungstür. Wer zuerst die Morgentoilette beendet

hat übernimmt die Vorbereitungen für das geruhsame Frühstück. Danach bearbeitet jeder einen Teil des notwendigen Haushalts, auch die Kleinste hilft beim Geschirrspülen, sodass nach einiger Zeit der Ausflug, in den noch angenehm kühlen Morgen, beginnen kann.
Nach kurzer Autofahrt, bis zu einem schattigen Waldparkplatz, werden Marschverpflegung und Kamera geschultert. Der Weg führt nun, nicht allzu steil aber stetig abwärts, in das Tal der Waldnaab, beiderseits von dichtem Jungfichtenbestand gesäumt, der auf halber Höhe in Fichtenhochwald, mit imposant aufragenden Felsen, Farnbüscheln und Moospolstern, wechselt.
Nach einem halbstündigen Fußmarsch kündigt sich, mit sanftem Rauschen, die Waldnaab an. Das Flüsschen, zwischen sechs und zehn Meter breit, mit tiefen Kolken und langgezogenen Mäandern, über Steine springend und durch große Felsbrocken rauschend, durchfließt das schmale dichtbewaldete Tal.
Hier angekommen, stellt sich die Qual der Wahl. Entscheidet sich der Wanderer für den Weg flussabwärts, sollte er sehr gut zu Fuß sein. Es ist zwar der romantischere, aber auch der beschwerlichere Abschnitt. Entsprechend der Enge des Tales ist der Weg hier der Landschaft angepasst. Zeitweilig führt er direkt am Fluss entlang, dann geht es wieder Hang auf, Hang ab, je nachdem, wie es in dem zerklüfteten Gelände möglich ist. Stellenweise ist das Tal so eng, dass der Weg über Stufen, auf am Fels verankerten Stegen, entlang führt.
Für den Naturfreund eine rechte Augenweite. Dichter Mischwald, mit weitausladenden Buchen, spendet dem Wanderer wohltuenden Schatten. Beerensträucher, Farne und Buschwerk säumen den Weg und immer wird er von der stetig wechselnden Melodie des Flusses begleitet.
Fällt die Entscheidung für den Weg flussaufwärts, geht es geruhsamer zu. Nach wenigen Minuten lädt eine geräumige Waldgaststätte, unter schattenspendenden belaubten Kronen, zu einem kleinen Imbiss und wohltuender Erfrischung ein. Ist der

Körper gestärkt, geht es dann auf gepflegten, ebenen Wegen durch das dichtbewaldete Tal. Die Berge sind hier ein wenig weiter auseinander gerückt, die Sohle ist leicht wellig und der Weg führt, ab und an, auch vom Wasser weg.
Und immer gibt es Neues zu entdecken. Schon von weitem kündigt sich, durch rauschendes Getöse, eine Stromschnelle ganz eigener Art an: „Das Butterfass". Im Fluss liegen riesige, von der fortwährenden Arbeit des Wassers glattgeschliffene, sagenumwobene Quader und am Ufer wird dem Wanderer, in Versform auf einer Holztafel kundgetan, wie diese Steine dorthin gelangten. Denn der Sage nach verfolgte hier einst Ritter Kuno (so ein Bube) eine holde Maid. Wobei sie wohlbehalten das andere Ufer erreichte, wurde er, samt seiner Knappen, zu diesen Felsen verwandelt.
An anderer Stelle entspringt, dem steilen Fels, eine erfrischende Quelle, aber wenige Stufen erreichbar und mit einer geschmiedeten Umzäunung versehen. Eine Inschrift verweist den Wanderer auf die labende freizügige Gabe und hält zur Einkehr an - gleichsam körperlicher wie auch geistiger Natur.
Zwischendurch, mal am Wege, mal am Wasser, laden aus den Baumstämmen des Waldes gefertigte Bänke zum Verweilen ein. Beschaulich lässt sich rundum die bunte Schönheit genießen und ist man zur entsprechenden Jahreszeit unterwegs, findet sich, ganz nebenbei, auch noch ein schmackhaftes Pilzgericht für den Abend.
Eine der gezimmerten Bänke, auf einer kleinen Anhöhe gelegen, mit Blick in das lang gezogene Tal und auf das in leichten Windungen dahinfließende Gewässer, ist so recht geschaffen für die im Rucksack mitgeführte Brotzeit. Zunächst macht erst einmal die große Fruchtsaftflasche die Runde, denn der lange Weg hat ziemlich durstig gemacht und dann wird dem Obst und den gutbelegten Broten herzhaft zugesprochen.
Natur pur! Hier scheint die Welt noch halbwegs in Ordnung zu sein. Nach erholsamer Pause wird der Rückweg angetreten, nicht ohne hier und da ein wenig zu verweilen, um dem emsigen Treiben

der Ameisen oder dem mühevollen Gang eines kleinen Käfers interessiert zuzusehen. Und immer wieder gilt die Aufmerksamkeit dem Leben im und am Wasser.
Mitten im Flussbett, breit aufragend, ein großer Fels, der beiderseits vom Wasser gurgelnd umspült wird. Auf dem Plateau, fast zwei Meter über dem Wasser, haben sich Gräser und Strauchwerk angesiedelt. Knapp darunter, gleich dem wuchtigen Stiel eines Pilzes, stellt sich die schon Jahrhunderte währende steinverformende Arbeit des Wassers dar. Demnach ist wohl vor langer Zeit das Niveau des Flusses um einiges höher gelegen und so nach und nach, wie die Auswaschung dieses Felsens, hat er sich auch sein Bett tiefer in die Landschaft gegraben.
Fernes Grollen eines Donners unterbricht die weit zurückgeschweiften Gedanken. Ein Gewitter kündigt sich an. Die goldenen Strahlen der Sonne spielen nicht mehr zwischen den Bäumen, der Himmel hat sich bedeckt. Es ist an der Zeit, etwas zügiger voranzuschreiten.
Je näher der Parkplatz rückt, umso weiter entfernt sich das Gewitter. Leises Grummeln, in der Ferne, erinnert noch daran. Am westlichen Horizont geht dieser schöne Tag, mit einem in Purpur getauchten Himmelssaum, zur Neige.

Geteilter Vormittag

In der Nacht kommt erneut Gewitter auf. Nicht eines von den gefürchteten, den zornigen, mit gewaltigem Platzregen, mit Blitzen und Krachen, bei denen nicht an Schlaf zu denken ist, wo selbst alles Getier in Haus und Natur unruhig wird. Nein, ein solches ist es glücklicherweise nicht. Es ist eher eine Art „Schlummergewitter“. Ein leichter Nieselregen überzieht das Land, ab und an zuckt ein fahler Blitz am Horizont und durch die Nacht rollen sanfte Donner.
Eine Nacht zum Träumen. Nicht immer sind Träume nur Schäume, oft sind sie eine Aufarbeitung des Tagwerks, ein Spiegelbild durchlebter Wirklichkeit. Aufregend, turbulent, sanft und zärtlich,

betrüblich und heiter, je nach Temperament und augenblicklicher Verfassung.
Auch ein Fliegenfischer hat seine Urlaubsträume. Durch das weit geöffnete Fenster dringen die Geräusche der Nacht und prägen das Unterbewusstsein des Schlummernden. Das Rieseln des Regens, das Rauschen und Rascheln der Blatter an den Bäumen und das leichte Grollen des Donners zaubern dem Träumenden herrliche Angelerlebnisse am rauschenden Gewässer. Träume von viel Freiheit und großen Fischen.
Am östlichen Horizont verkündet sich, mit einem blassen Streifen, der neue Tag. Noch ist nächtliche Stille, aber bald ist hier und da ein zaghaftes Vogelstimmchen zu vernehmen. Nach und nach gesellen sich immer mehr dazu, ähnlich dem Einstimmen eines großen Orchesters. Wie der erste Sonnenstrahl die Nacht durchbricht, ertönt die vielstimmige Symphonie der Natur. Alle Vögel, in Wald und Flur, führen die Melodie in der Partitur. Die Frösche am Teich begleiten im Bass und auch die Grillen und Schrecken streichen dazu ihre Instrumente. Welch großartige Darbietung. Eine Huldigung an den neuen Tag.
Da bedarf es weder eines schrillen Federläutwerkes noch der vielfältigen elektronischen Kreationen, der Weckruf der Natur ist melodisch und erholsam zugleich. Die frische Morgenluft, am weit geöffneten Fenster, tief eingesogen und die Laute der Natur in sich aufgenommen, lassen den Tag gutgestimmt beginnen.
Wiesen und Felder atmen den nächtlichen Regen wieder aus. Über allem liegt ein zarter Dunst. Die Wälder in der Ferne sind in feinen Nebel gehüllt und die Sonne ist leicht verhangen. Kein schwerer Himmel, der mit schlechtem Wetter droht. Nur leicht bewölkt. So recht die Stimmung für eine erfolgversprechende Pirsch am Forellenwasser.
Keimender Gedanke und gefasster Entschluss liegen in so einem Fall sehr dicht beieinander. Nach dem gemeinsamen Frühstück sind somit die Urlaubsaktivitäten geteilt. Das älteste und das jüngste weibliche Familienmitglied verbringen den Vormittag auf

dem Kinderspielplatz der Pension, machen kleinere Spaziergänge oder geben sich ganz einfach einmal dem Nichtstun hin.
Die Angelbegeisterten der Urlaubsgesellschaft, Vater, Sohn und Schwiegertochter (die Verantwortliche für Verpflegung und Filmausrüstung, also die alles Nachschleppende), streben ihrem auserkorenen Fischwasser, der Fichtelnaab, entgegen. Dieser Fluss, mit steinigem Grund und klarem Wasser, durchfließt, in weitgeschwungenen Windungen, ausgedehnte Wiesentäler und enge Waldpassagen.
Schon bald ist die Ausgangsposition, der vorgenommenen Angeltour erreicht. Für den befischbaren Gewässerabschnitt erhält der angelpassionierte Urlauber, beim Verkehrsamt der Stadtverwaltung oder einem ansässigen Angelverein, gegen Vorlage des gültigen Fischereischeines und der Entrichtung eines entsprechenden Entgelts, eine Tages- oder Wochenangelberechtigung.
Von der kleinen Brücke aus werden zunächst das Terrain und die Wasserfläche eingehend in Augenschein genommen. Beide Ufer, mit Bäumen und Sträuchern bewachsen, fallen streckenweise über einen Meter steil ab, sind aber, durch die grobe Felsstruktur, einigermaßen begehbar. Bei durchschnittlich knietiefem Wasser, von ausgewaschenen Gumpen und Abstürzen abgesehen, ist der Fluss auch gut für die Watfischerei geeignet.
Drüben, am anderen Ufer, trippelt eine Bachstelze ein Stück des Weges lang, bevor sie weiter flussabwärts schwirrt. Unter der Brücke, im Schatten der Stützmauer, stehen einige kleinere Döbel. Etwas oberhalb, in einem tieferen Kolk, sind die Ringe eines steigenden Fisches zu sehen. Ein Versuch mit der Trockenfliege könnte erfolgversprechend sein.
Mit den Watstiefeln und der leichten Fliegenrute ausgerüstet, erfolgt der erste Einstieg in das verlockende Urlaubsgewässer. Mit einem gegenseitigen „Petri Heil“ werden, in gespannter Erwartung, je ein kleiner Abschnitt befischt. Immer in Sichtkontakt, nach dem Motto: „Geteilte Freude ist doppelte Freude“, freut sich jeder über den Erfolg des anderen.

Zunächst aber lässt der Erfolg erst einmal auf sich warten. Die angebotenen Kunstfliegen scheinen nicht den Geschmack der Fische getroffen zu haben. So heißt es also: Probieren und nochmals probieren, bis das richtige Fliegenmuster gefunden ist und nach unzähligen Würfen der erste Anbiss erfolgt. Es ist eine kleinere Bachforelle, die Appetit auf die angebotene Fliege hatte. Vorsichtig wird sie unter Wasser abgehakt und mit dem Wunsch, „schick' lieber den Opa“, wieder entlassen.
Allzu zahlreich scheint der Bestand in diesem Abschnitt wohl nicht zu sein und kapitale Fische sind sicher auch kaum zu erwarten. Das ist auch gar nicht ausschlaggebend, vielmehr wiegt der Erholungswert.
So rinnen das Wasser und die Stunden des Vormittags dahin. Ufer aufsteigen, Ufer absteigen und vorsichtiges Waten im Wasser, zu einer günstigen Ausgangsposition für die nächsten Würfe.
Glatter steiniger Boden, im Wasser liegende Hindernisse, tief abfallende Kolke und andere Tücken, haben schon manchem Fischer zu einem unfreiwilligen „Bad“ verholfen. Keiner ist dagegen gefeit und so passiert es. Im Eifer der Aktion, ein unachtsamer Schritt rückwärts, doch da liegt ein alter Baumstamm quer, das Sitzbad ist perfekt. Gut, dass immer etwas Reservekleidung im Auto deponiert ist.
Ähnlich der Einstellung eines Zapfenpflückers, wie sich in meiner alten Heimat erzählt wird, als dieser, vor vielen Jahren, bei der Ausübung seiner Arbeit, von einer Fichte gestürzt war: „Wenn ich nunn schonn ähmol ongen bänn, wäll ich awer oah gleich Frieschtöck mach“, bietet sich auch hier die Gelegenheit, dem eingepackten Frühstück mit großem Appetit zuzusprechen. Ein gemütliches Plätzchen am Ufer ist schnell gefunden und beim Verzehr der guten Sachen drehen sich natürlich die Gespräche um das eben erlebte Missgeschick, wobei auch so manches lang zurückliegende wieder in Erinnerung kommt.
Inzwischen hat sich auch die Wolkendecke aufgetan und unser Tagesgestirn verbreitet wohlige Wärme. Insekten sind fleißig

beschäftigt, summen und schwirren um die blühenden Zweige und Wiesenblumen und eine große Libelle gleitet mit schwirrenden Flügelschlägen am Ufer flussaufwärts. Die Flossenträger haben scheinbar das Steigen nach Anflugnahrung eingestellt, sodass ein Weiterfischen mit der trockenen Fliege wohl kaum noch Aussicht auf Erfolg verspricht.
Der Pirschgang führt uns weiter flussabwärts, bis zu einem tiefausgewaschenen Kolk, unter den starken Wurzeln einer großen Erle. Vielleicht der Einstand einer größeren Forelle. Das sinkende Vorfach, mit einer Goldkopfnymphe, ist montiert. Der erste Wurf wird oberhalb der verheißungsvollen Stelle abgesetzt. Die Nymphe sinkt, in der mäßigen Strömung, schnell ab und treibt, unter leichten Bewegungen der Rutenspitze, langsam über den Grund. Da - ein kaum spürbares Zupfen, mehr erahnt als gefühlt. Reflexhaft erfolgt der Anhieb, aber es bewegt sich nichts. Nanu? Hat sich die Nymphe an einer Wurzel verhakt? Das fehlte noch!
Auf einmal kommt Leben an das andere Ende der Schnur. An einholen ist nicht zu denken, im Gegenteil, Zug um Zug fordert „das Gegenüber", immer mehr Leine. Der Widersacher hat sich noch nicht gezeigt! Was mag sich in der Tiefe bewegen?
Die Rutenspitze schnellt zurück, der Fisch ist „ausgestiegen"! So birgt auch das Fischwasser manches Geheimnis. Am Rande des Geschehens noch ein Blick über die verheißungsvolle Stelle, wohin sich der Fisch sicher in den äußersten Winkel zurückgezogen hat, für die nächste Zeit jeder Verlockung widerstehend.
Die Angelbegeisterung hat Zeit und Raum vergessen lassen, einige Stunden sind vergangen. Die Daheimgebliebenen werden schon auf die Ausflügler warten und so wird gemeinsam der Rückweg durch den herrlichen Wiesengrund angetreten, wobei sich hier und da die Fliege noch einmal auf das Wasser senkt. In der Strömung dann noch ein Biss und im Bruchteil einer Sekunde beginnt schon der „Tanz". Eine gute Äsche hat die Nymphe genommen und pariert mit heftigen Fluchten. Nach der Landung zeigt das Maß 40 cm. Ein schöner Ausklang dieser erholsamen Angeltour.

Daheim

Jahre sind vergangen. Der ersten Reise „südwärts“ folgten weitere. Menschliche Begegnungen, wunderschöne Landschaften, herrliche Gewässer und erhabene Gebirge taten sich auf, weiteten den Horizont, labten Körper und Seele und werden es sicher auch fernerhin tun. Doch - daheim ist daheim.
Vieles hat sich verändert, in unterschiedliche Richtungen. Nicht nur der Horizont, auch unser Wortschatz hat sich erweitert. Kannten wir früher nur Lotterielose, gibt es nun auch Arbeitslose (ein trauriges Wortspiel, mit wohl ähnlichen Chancen). Neue Begriffe, wie: Treuhand, Insolvenz, Zukunftsangst, Wohlstandsmüll, Mobbing und etliche mehr, sind, teils schleichend und teils wie eine kalte Dusche, über uns gekommen. Allerdings lehrt uns die Geschichte, dass schon jede Epoche der Menschheit ihre besonderen Probleme hatte. Lernen wir damit umzugehen.
Passen solcher Art Betrachtungen auch nicht recht in den Rahmen dieser, wohl eher erbaulichen Geschichten, ist jedoch eine der „modernen“ Wortschöpfungen intakter Natur sehr abträglich: Der so genannte „Wohlstandsmüll“! In jedmöglicher Form ist er, zunehmend in allen Bereichen, zu finden und verschandelt mehr und mehr die Landschaft.
Mag es an den immer schneller gewordenen Autos liegen, dass der Fahrtwind leere Flaschen und andere Ablagen einfach aus den geöffneten Fenstern reißt, oder gelegentliche Gewittergüsse, nach denen das ansteigende Wasser in den Bächen, den gehüteten und zum Transport vorbereiteten Abfall, der weiter oberhalb liegenden Anwohner, einfach hinwegspült.
Wie könnte es wohl sonst anders sein, dass sich in den Gumpen und Kehren, der so idyllisch durch die Täler und Auen rinnenden Gewässer, mitunter ganze Ladungen von Bauschaum, Dämmstoffen, Flaschen, Gläsern und aller möglicher Unrat mehr ansammeln. Was sich sonst noch Erstaunliches, aber durchaus wenig Erfreuliches, bei den alljährlichen gemeinsamen Einsätzen,

zur Reinhaltung der Gewässer und Uferbereiche, findet, spiegelt sich in den gelegentlichen Berichten der Tagespresse wider.
Die reichen Möglichkeiten, der Beschäftigung in der Natur, bedingen auch, ganz selbstverständlich, den Schutz derselben, und jeder bringt hier ein beträchtliches Stück Freizeit ein. Ob es der Jäger ist, der Vogelkundler, der Angler und mancher mehr, auf welchem Gebiet, der weiten Betätigung, es auch sein mag, tragen alle ihren Anteil an der Erhaltung, Verbesserung und Vermehrung ihrer speziellen Artenvielfalt bei.
Körper und Geist finden neue Kraft in der erhabenen Ruhe und Schönheit der Landschaft. Die Alltagslasten lassen sich so für einige Stunden ablegen. Nur, gelingt das zunehmend seltener, beim Anblick der mit Abfall gesäumten Landstraßen, der mit Unrat übersäten Gewässerufer und in den Wäldern (vor allem in Großstadtnähe) achtlos verstreuten „Leergutes“ aller Art.
Umweltverschmutzung war unseren Vorfahren ganz gewiss noch ein Fremdwort. Eine untrügliche Ahnung, wenig positiver Änderung, muss aber wohl schon vorhanden gewesen sein. In meiner Jugendzeit, vor etlichen Jahrzehnten, begegnete mir einmal, in unserer Stadt, in einem großen Schaufenster, ein Spruch, der mich wohl seither im Unterbewusstsein stets begleitet hat.
Leider sind mir der Name des Verfassers und auch der ganz genaue Wortlaut mit den Jahren entfallen, jedoch Sinn und Mahnung sind fest im Gedächtnis haften geblieben.
Dieser große Mann möge es mir bitte nachsehen, dass ich mich hier seiner Gedanken bediene, aber sie sind wohl aktueller denn je:

„Die Natur gehört uns nicht, wir haben sie nur von unseren Enkeln geliehen. Entsprechend sorgsam sollten wir damit umgehen!“

Verlagsprogramm (Auswahl)

Heimatgeschichte

Frank Hofmann
Zwischen Pirsch und Ansitz
256 S., 20 Zeichn., gb., 21,90 EUR
ISBN 978-3-930588-68-8

Jürgen Berger
Der Schwiegermuttermord und andere Kriminalgeschichten
(Authentische Kriminalfälle aus der Vergangenheit)
112 S., 23 Zeichnungen, gb., 9,90 EUR
ISBN 978-3-930588-91-6

Bernd Seifert / Günter Ludwig
Zella-Mehlis
Bildband über das Zella-Mehlis der Gegenwart
68 S., 186 Farbfotos, gb., 17,80 EUR
ISBN 978-3-930588-80-0

Elisabeth Karl
120 Jahre Lutherschule
278 S., 130 Abb., gb., 19,90 EUR
ISBN 978-3-930588-67-1

Heinrich Ehrhardt
Hammerschläge (Reprint-Ausgabe)
70 Jahre deutscher Arbeiter und Erfinder
130 S., 12 Abb., gb., 14,90 EUR
ISBN 978-3-930588-37-4

Peter Haseney
Kurze Nachrichten und lange Schilderungen
über die Familie Haseney (Reprint-Ausgabe)
36 S., 3 Abb., br., 2,00 EUR
ISBN 978-3-930588-08-4

Ulrich Brunzel
Die Wunderblume der Steinsburg
72 S., 26 Abb., br., 2,50 EUR
ISBN 978-3 930588-06-6

Ulrich Brunzel
Das blaue Feuer
96 S., 15 Abb., br., 2,50 EUR
ISBN 978-3-930588-05-3

Manfred Tumma / Hans Bader / Lothar Schreier
Von Mercedes zu Robotron
Ein Bilderbuch der besonderen Art
ISBN 978-3-930588-89-3

Militärgeschichte

Paul Bergner
Atombunker - Kalter Krieg – Programm Delphin
Auf den Spuren der Bunkerbauten für den Kalten Krieg
896 S., 761 Fotos, 128 Skizzen, Lagepläne u.ä., gb., 39,80 EUR
ISBN 978-3-930588-78-7

Lothar Günther
Schleusingen im Zugriff der Siegermächte
1944 - 1945
112 S., 49 Abb., gb., 12,80 EUR
ISBN 978-3-930588-73-2

Ulrich Brunzel
Beutezüge in Thüringen
Kunstschätzen, Wunderwaffen und Raubgold auf der Spur
200 S., 65 Abb., gb., 19,90 EUR
ISBN 978-3-930588-49-7

www.heinrich-jung-verlag.de